JN412201

젤라또 대학에서 배운 그대로

Gelato & Gelatiere

젤라또 & 젤라띠에레

유시연, 손광태, 최상호

공 저 자

유시연
㈜젤라또코리아 대표
Carpigiani Gelato University 교육자

손광태
(주)비전상사

최상호
대한민국 제과기능장
호남대학교 외식조리학과 교수

젤라또 대학에서 배운 그대로
Gelato & Gelatiere

2017년 7월 25일 초 판 발행
2021년 7월 15일 개정판 발행

지은이 | 유시연 · 손광태 · 최상호
펴낸이 | 김종욱 · 명사동
펴낸곳 | 지식인
등 록 | 제301-2013-134호
주 소 | 서울시 도봉구 도봉로 180길 20 투웨니퍼스트 102동 602호
전 화 | 02)2266-8606 (대)
팩 스 | 02)2266-8607
E-mail | jisikin2013@naver.com
홈페이지 | www.jisikinbook.co.kr

ISBN 979-11-88105-05-2 (93570)

값 17,000원

젤라또 대학에서 배운 그대로

Gelato & Gelatiere

젤라또 대학에서 배운 그대로
Gelato &
Gelatiere

PROLOGUE

한 입으로 어른도 아이도 입가에 절로 미소 짓게 만드는 디저트 젤라또!

"젤라또Gelato, 젤라떼리아Gelateria, 젤라띠에레Gelatiere"

식품업계에 종사하는 분들이나 요즘 디저트에 관심이 많고 좋아하는 분들이라면 많이 들어봤을 단어들입니다.

2015년, 젤라또의 세계에 입문하며 본격적으로 국내 젤라또 매장 수를 조사했을 때 자신의 레시피를 가지고 운영하는 전문 젤라또 매장은 손에 꼽을 만큼 존재가 미비했지만, 현재 출판을 앞둔 이 시점에는 각 지역마다 대표하는 젤라또 매장이 있을 만큼 젤라또에 대한 인지도가 매우 높아지고 있습니다.

십여 년 전에도 이탈리아 젤라또가 국내시장에 진출하여 반짝 성공의 길을 갔지만, 젤라또에 대한 전문적인 교육과 정확한 정보 부족 등의 여러 요인으로 국내시장에 자리를 잡지 못하였습니다.

그 사이 한국의 디저트시장은 급격히 성장하면서 커피, 초콜릿, 베이커리 등 다양한 디저트의 전문성이 확대되었습니다. 이에 따라 당시 국내에 진출하여 실패의 경험을 했던 이탈리아 유명 젤라또 매장들이 재진출을 시작하였고, 전문적 지식이 필요한 분들은 개개인이 이탈리아에서 전문적인 젤라또 교육을 받고 돌아와 젤라떼리아를 오픈하며 이탈리아의 젤라또 문화를 국내에 다시 알리고 있는 요즘, 젤라또의 국내 재정착만이 남았습니다.

앞서 부족했던 젤라또 교육과 젤라또에 대한 정확한 정보전달을 위해 Total F&B와 이탈리아 최대 젤라또 교육기관 Carpigiani Gelato University의 전문교육을 국내에 도입시켰습니다.

본서에는 젤라또에 입문하고자 하는 초보자 또는 현재 이탈리아 정통 젤라또를 만드는 젤라띠에레에게 레시피 작성을 보다 쉽게 이해할 수 있도록 기본적인 개념과 전문적인 지식까지 최대한 많은 것을 담아내었기에, 국내 젤라또 발전에 도움이 될 것으로 기대합니다.

이 책이 출간되기까지 애써주신 분들께 진심으로 감사의 뜻을 전하며 『Gelato & Gelatiere』를 통하여 보다 많은 분들이 젤라또의 시원한 달콤함이 입 안 가득 퍼지는 행복을 느끼실 수 있기를 바랍니다.

저자 일동

* 젤라떼리아(Gelateria) : 젤라또를 판매하는 곳
* 젤라띠에레(Gelatiere) : 자신만의 레시피로 젤라또를 제조하는 사람

PROLOGUE

CHAPTER 4

CHAPTER 5

젤라또 대학에서 배운 그대로
Gelato & Gelatiere

GELATO & Gelatiere

젤라또

젤라또 대학에서 배운 그대로
Gelato & Gelatiere

Gelato & Gelatiere

우리나라에는 오래 전부터 이탈리아 음식문화가 많이 들어와 우리의 일상과 함께 늘 자연스레 함께 하고 있다. 점심식사로 파스타를 먹고, 후식으로 카페에서 카푸치노를 마시며 이야기를 나누는 것이 이제는 우리에게 낯선 풍경이 아니다.

우리가 흔히 알고 있는 이탈리아 음식, 커피 외에도 몇 년 전부터 거리를 거닐다 보면 하나 둘 생기기 시작한 이탈리아 디저트 가게가 보인다. 바로 '젤라떼리아Gelateria'라고 불리는 '젤라또Gelato'를 판매하는 가게이다.

'젤라또'란

'젤라또Gelato'란 수분과 당분, 고체 성분들의 혼합으로 급속 동결에 의해 만들어진 디저트이다. 하지만 이렇게 간단하게 한 줄의 정의로 젤라또를 설명하기에는 왠지 아쉽고 부족함이 많다.

젤라또 내에는 수분과 당분, 고체의 혼합물 외에 젤라띠에레Gelatiere의 재료에 대한 지식, 균형 잡힌 레시피를 만드는 기술, 젤라또를 향한 열정을 빼놓을 수가 없기 때문이다.

지금 이 책만으로 젤라또가 무엇인지 다 이해할 수는 없을 것이다. 이 책에서 다루어진 내용들을 기본 바탕으로 삼아 스스로의 연구와 터득이 뒷받침되어야만 진정한 '젤라띠에레'로 거듭날 수 있고, 달콤하고도 맛있는 '젤라또'를 나만의 고유 레시피로 만들 수 있을 것이다.

화학 · 물리적 관점에서 볼 때 젤라또는 액체, 물체, 고체의 균형으로 만들어진 부드럽고 차가운 디저트이다. 물, 설탕, 공기가 기본 요소로 구성되는데, 젤라또 내에서의 물은 얼음 결정을 만들어 주는 역할을 하고, 설탕은 젤라또에 단맛을 주기도 하지만 부드러운 질감으로 만들기 위해 보다 더 작은 얼음결정체로 만들어 주는 역할을 한다. 그리고 마지막으로, 공기는 젤라또가 만들어짐에 있어 가장 근본적인 역할을 한다. 공기가 없는 젤라또는 단맛이 나는 고드름에 불과할 뿐이다. 이처럼 물, 설탕, 공기는 젤라또를 구성하는데 있어 필수요소인 것이다.

그렇다면 물, 설탕, 공기만 있으면 젤라또가 만들어지는 것일까? 기본요소 외에도 지방과 단백질, 맛을 결정지을 재료, 다양한 혼합물들이 서로 잘 어우러지게 할 안정제 등이 들어가야 우리가 아는 젤라또의 모습이 완성되고, 이 많은 변수들이 조합되어 다양한 맛들을 만들어 낼 수가 있다.

이처럼 천연재료를 넣어 만드는 젤라또는 남녀노소 누구나에게 영양가 높은 아주 좋은 디저트가 될 수 있다.

젤라또와 아이스크림의 차이점

한국뿐만 아니라 세계의 많은 사람들이 '젤라또는 아이스크림이다'라고 알고 있다. 하지만 이탈리아에서는 자신들의 고유한 문화임을 알리고, 미국의 아이스크림과 차별화하기 위해 아이스크림Ice Cream이라 번역하지 않고 젤라또Gelato라는 고유의 단어를 사용하며 이탈리아만의 아이스크림이 바로 젤라또임을 해외에서 인식되게끔 하였다.

겉으로 보기에는 구분할 수가 없지만, 속을 들여다보면 너무나 다른 젤라또와 아이스크림! 그렇다면 두 디저트를 구분 지을 수 있는 다른 점은 무엇일까?

첫 번째로 지방함량의 차이다.

젤라또는 아이스크림보다 지방함량이 낮다. 지방함량이 6%에서 최대 12% 정도인 젤라또에 비해, 아이스크림의 지방은 최소 10% 이상이어야 일반적인 등급에 속한다. 미국에서는 아이스크림 지방함량이 높을수록 프리미엄 아이스크림이라 부르며, 보통 이러한 아이스크림의 지방함량은 14~20% 정도로 높은 편이다.

젤라또와 아이스크림의 당도 차이는 크게 없지만, 지방의 차이로 인해 젤라또와 아이스크림을 같은 맛과 동량으로 먹었을 때 칼로리 역시 젤라또가 3분의 1 정도로 낮다.

두 번째로는 공기함량의 차이다.

아이스크림은 제조할 때 약 80~120%의 공기를 인위적으로 주입시켜 제품을 만드는데, 젤라또는 인위적인 공기주입 방식이 아닌 제조과정 중에 약 25~40%의 일반적인 자연공기가 들어간다.

세 번째로는 보관기간의 차이다.

좋은 품질의 신선한 재료로 매일매일 당일 생산하는 젤라또의 보관기간은 최소 4시간에서 최대 3~5일이라고 말한다. 그에 비해 아이스크림은 제조일자는 표기되어 있지만, 유통기한은 명시되어 있지 않다. 일반적으로 -18℃의 냉동고에서 보관되는 아이스크림은 세균이 번식할 수가 없어 장기간 보관을 해도 식용에 큰 영향을 끼치지 않는다. 즉 냉동고에 한 번 들어가 온도관리만 잘하면 일주일, 한 달, 심지어 일 년이 지나도 먹을 수 있다는 이야기이다.

젤라또는 젤라띠에레가 당일에 한정된 소량만 생산하여 소비자에게 바로 판매를 하기에 매일매일 신선도 높은 제품을 맛볼 수 있지만, 반면 아이스크림은 공장에서 대량으로 생산하여 마트나 매장에 납품되어 장기간 보관한 뒤 소비자에게 판매되는 만큼 신선도와 맛이 떨어진다.

네 번째로는 맛의 차이다.

매장에서 한정된 소량만 생산하는 젤라또는 만드는 젤라띠에레나 소비자의 입맛에 맞춰 다양한 재료로의 한정적이지 않은 맛을 만들 수 있다. 재료의 선택에 있어서도 알려진 브랜드 제품들을 사용하여 만들 수도 있지만, 젤라띠에레가 직접 맛보고 고른 소규모의 농장이나 지역 특산물을 이용해 보다 더 특색 있고 가치 있는 자신만의 젤라또를 만들 수 있다. 이렇게 엄선된 재료를 이용해 만든 젤라또는 재료 각각의 좋은 영양소들이 잘 어우러져 영양학적인 측면에서도 아주 높은 품질을 만들어낸다.

반면에, 공장에서 대량생산을 하며 납품되는 아이스크림은 재료 선택에 있어 제한적이고, 소비자들이 일반적으로 많이 찾는 맛만을 만들 수밖에 없다. 원재료를 사용하기보다 이미 가공된 농축제품들을 사용하여 만드는 아이스크림은 영양학적인 면에서도 젤라또에 비해 품질이 낮다고 할 수 있다.

위에서 젤라또와 비교한 아이스크림은 공장에서 생산하여 마트나 매장으로 납품되는 아이스크림 제품들과의 비교이며, 수제아이스크림은 조금은 또 다른 부분이 있다.

수제아이스크림과 젤라또는 신선한 재료를 사용하여 매장에서 직접 만든다는 방법은 같지만, 만들어지는 맛과 제품의 질감 차이가 있다. 예를 들어, 한 가지 재료로 한 가지 맛을 표현해 내는 것이 젤라또라면, 수제아이스크림은 여러 가지 재료를 혼합하여 만들어내는 맛이 더 많다.

젤라또 역시 요즘은 시대의 흐름에 따라 여러 재료를 혼합하여 맛을 재창조하지만, 정통 젤라또는 한 가지 재료로 그 재료 본연의 맛을 표현해 내는 것이다. 즉 우유 맛이라 하면 순수한 우유 그 자체의 맛을 느낄 수 있어야 하고, 피스타치오 맛이라 하면 피스타치오만의 고소하고 깊은 풍미를 느낄 수 있어야 한다.

부드럽고 찰진 질감을 가진 젤라또가 입에 넣으면 입 안에서 스며들듯 녹아내린다면, 반면 수제아이스크림은 입 안에 스며드는 느낌보다 재료의 식감을 느끼며 씹어 녹아내린다.

젤라또나 아이스크림, 수제아이스크림이 각자 가지는 고유의 성향들이 있고 제조과정과 완성되었을 때의 형태에서 다름을 가지지만, 세 가지의 공통점은 우리에게 시원하고 맛있는 즐거움을 주는 디저트라는 것이다.

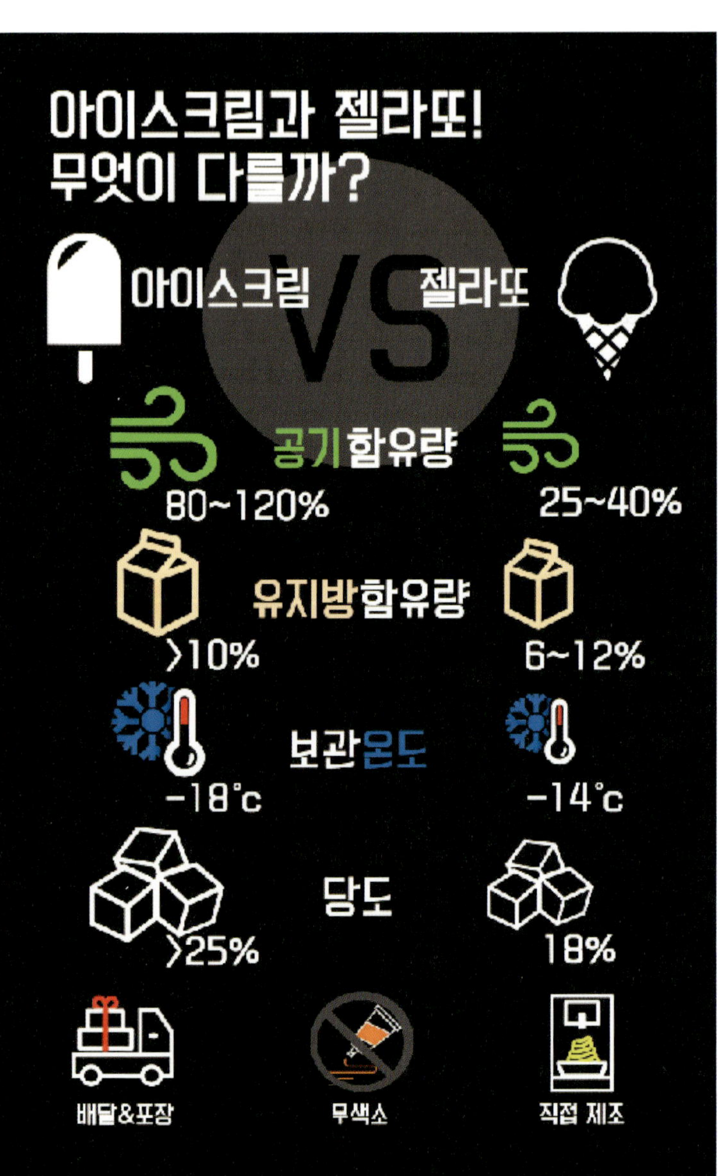

아이스크림과 젤라또!
무엇이 다를까?
아이스크림
VS
젤라또
공기함유량
80~120%
25~40%
유지방함유량
>10%
6~12%
보관온도
-18˚c
-14˚c
당도
>25%
18%
배달&포장
무색소
직접 제조

우리나라 아이스크림의 법규

우리나라 법규상 아이스크림류는 아이스크림, 아이스밀크, 샤베트, 저지방아이스크림, 비유지방아이스크림 등 축산물가공품 유형으로 구분되고, 빙과류는 먹는물에 식품 또는 식품첨가물을 혼합하여 냉동한 것으로 축산물의 가공기준 및 성분규격의 아이스크림류에 해당되지 아니하는 것을 말하며 식품 유형으로 분류된다. 향후 아이스크림류가 「식품위생법」상으로 편입이 된다고 하지만, 현재는 엄연히 다른 법규에 적용되어 관리되고 있다.

따라서 젤라또와 소르베또는 우리나라 법규상으로는 배합비에 따라 다양하게 유형이 불려지고, 가공기준 및 성분규격이 달라질 수 있어 주의해야 한다. 제조업이나 즉석 제조 · 판매 가공업으로 젤라또와 소르베또를 제조 · 유통 · 판매한다면 구분을 정확히 해야 하는 중요한 사항이다. 하지만, 일반적으로 젤라떼리아는 휴게음식점으로 영업신고하여 즉석 제조 · 판매를 하므로, 이 사항은 참조만 하면 된다.

1. 아이스크림류

1) 정의

아이스크림류라 함은 원유, 유가공품을 원료로 하여 이에 다른 식품 또는 식품 첨가물 등을 가한 후 냉동·경화한 것을 말하며, 유산균 함유제품은 유산균(유산간균, 유산구균, 비피더스균을 포함한다) 또는 발효유를 함유한 제품으로 표시한 아이스크림류를 말한다.

2) 축산물가공품의 유형

(1) 아이스크림

아이스크림류이면서 유지방분(우유로부터 얻은 지방분) 6% 이상, 유고형분(유지방분과 무지유고형분을 합한 것) 16% 이상의 것을 말한다.

(2) 아이스밀크

아이스크림류이면서 유지방분 2% 이상, 유고형분 7% 이상의 것을 말한다.

(3) 샤베트

아이스크림류이면서 무지유고형분 2% 이상의 것을 말한다.

(4) 저지방아이스크림

아이스크림류이면서 조지방 2% 이하, 무지유고형분 10% 이상의 것을 말한다.

(5) 비유지방아이스크림

아이스크림류이면서 조지방 5% 이상, 무지유고형분 5% 이상의 것을 말한다.

2. 아이스크림 분말류

1) 정의

아이스크림 분말류라 함은 원유 및 유가공품 등을 원료로 하여 이에 다른 식품 또는 식품첨가물 등을 가한 후 건조 분말화한 것으로서, 물을 가하여 냉동시키면 아이스크림 제품류가 되는 것을 말한다.

2) 축산물가공품의 유형

(1) 아이스크림 분말

아이스크림 분말류로서 유지방분(우유로부터 얻은 지방분) 18% 이상, 유고형분(유지방분과 무지유고형분을 합한 것) 48% 이상의 것을 말한다.

(2) 아이스밀크 분말

아이스크림 분말류로서 유지방분 6% 이상, 유고형분 21% 이상의 것을 말한다.

(3) 샤베트 분말

아이스크림 분말류로서 무지유고형분 6% 이상의 것을 말한다.

(4) 비유지방아이스크림 분말

아이스크림 분말류로서 조지방 15% 이상, 무지유고형분 15% 이상의 것을 말한다.

3. 아이스크림 믹스류

1) 정의

아이스크림 믹스류라 함은 원유 및 유가공품 등을 원료로 하여 이에 다른 식품 또는 식품첨가물 등을 가하여 혼합, 살균 또는 멸균한 액상제품으로서, 냉동시키면 아이스크림 제품류가 되는 것을 말한다.

2) 축산물가공품의 유형

(1) 아이스크림 믹스

아이스크림 믹스류로서 유지방분(우유로부터 얻은 지방분) 6% 이상, 유고형분(유지방분과 무지유고형분을 합한 것) 16% 이상의 것을 말한다.

(2) 아이스밀크 믹스

아이스크림 믹스류로서 유지방분 2% 이상, 유고형분 7% 이상의 것을 말한다.

(3) 샤베트 믹스

아이스크림 믹스류로서 무지유고형분 2% 이상의 것을 말한다.

(4) 저지방아이스크림 믹스

아이스크림 믹스류로서 조지방 2% 이하, 무지유고형분 10% 이상의 것을 말한다.

(5) 비유지방아이스크림 믹스

아이스크림 믹스류로서 조지방 5% 이상, 무지유고형분 5% 이상의 것을 말한다.

4. 과자류

1) 정의

과자류라 함은 식물성 원료 등을 주원료로 하여, 이에 다른 식품 또는 식품첨가물을 가하여 가공한 과자, 캔디류, 추잉껌, 빙과류를 말한다.

2) 식품의 유형

(1) 과자

곡분 등 식물성 원료를 주원료로 하여 굽기, 팽화, 유탕 등의 공정을 거친 것이거나, 이에 식품 또는 식품첨가물을 가한 것으로 비스킷, 웨이퍼, 쿠키, 크래커, 한과류, 스낵과자 등을 말한다.

(2) 캔디류

식물성 원료 나당류, 당알코올, 앙금 등을 주원료로 하여 이에 식품 또는 식품첨가물을 가하여 성형 등 가공한 것으로 사탕, 캐러멜, 양갱, 젤리 등을 말한다.

(3) 추잉껌

천연 또는 합성수지 등을 주원료로 한 껌 베이스에 다른 식품 또는 식품첨가물을 가하여 가공한 것을 말한다.

(4) 빙과류

먹는물에 식품 또는 식품첨가물을 혼합하여 냉동한 것으로 「축산물의가공기준및성분규격」의 아이스크림류에 해당되지 아니하는 것을 말한다.

젤라또의 기원

젤라또는 언제, 어디서, 어떻게 탄생되었을까? 너무나도 많은 설들이 있기에, 젤라또의 정확한 기원을 아는 건 쉬운 일이 아니다. 그러나 한 가지 분명한 점은 젤라또는 누군가의 발명이 아닌 눈과 얼음으로 수세기에 걸쳐 많은 사람들의 연구와 발견의 노력으로 만들어진 자연의 가공품인 것이다.

그렇다면 우리는 언제부터 눈과 얼음을 음식으로 또는 디저트로 먹기 시작했을까? 가장 오래된 기록은 고대 이집트와 고대 중국에서 찾아볼 수가 있다.

인류는 고대부터 눈과 얼음을 이용하여 음식을 먹는 것을 즐겼고, 과일즙을 얼려 먹기도 했다. 이집트 피라미드에서 은으로 만들어진 하나의 뼈대에 양쪽으로 나누어진 두 개의 컵이 발견되었는데, 한쪽에는 눈을 넣고 한쪽에는 과일즙을 넣어 먹었다는 기록이 있다.

중국에서는 잘 익은 쌀과 우유, 향신료를 섞어 눈 속에 보관하였다가 얼려서 먹었는데, 당시에는 동굴이나 빙실에만 저장해야 하는 보관의 어려움이 있어서 상당히 귀한 식품으로 여겨져 일반서민들이 아닌 황실에서만 접할 수 있었다.

어떤 이들은 『성경』에서 이삭이 아브라함에게 눈과 염소의 젖을

뭉쳐 주는 구절이 있는데, 이것을 성질이 다른 재료를 섞어 먹는 차가운 것의 첫 시초라고도 말한다.

테이블 식문화를 즐기길 좋아했던 로마인들은, 그리스를 점령했을 당시 식량을 보존하고 음료를 식히기 위해 눈과 얼음을 사용하는 법을 이때부터 알게 되었으며, 그 이후로 눈은 로마시대의 아주 중요한 재료가 되었다. 네로황제는 눈과 얼음을 동굴에 항상 저장해 놓고 과일이나 과일즙, 와인에 꿀을 넣어 눈과 섞어서 먹는 것을 즐겼다고 한다. 알렉산더대왕 역시 꿀과 과일, 향신료를 눈과 함께 섞어 먹는 것을 좋아했는데, 페르시아 원정 시 사기를 높이고 더위를 이기게 하기 위해 병사들에게 나누어주었다는 설도 있다.

서양보다 동양권에서 더 많은 영향을 받은 차가운 음료 문화는, 무더운 날에 설탕을 넣은 음료나 술을 즐겨 마시던 아랍인들에 의해 더 크게 발전하였다. 그 전까지는 얼음이나 눈에 단맛을 내기 위해 꿀을 넣어 먹었다면, 아랍인들은 사탕수수에서 당분을 추출할 수 있음을 발견하고 꿀 대신 사탕수수를 이용한 시럽을 만들어 음식에도 사용하고 음료에 넣어서 먹었다. 또한 아랍인들은 냉각 용기의 개발로 전보다 더 얼어 있고 부드러운 질감의 디저트를 만들 수 있었고, 오늘날 '소르베또Sorbetto'와 '그라니따Granita', '젤라또Gelato' 등 우리가 아는 차가운 디저트의 탄생에 중요한 역할을 하였다.

9세기 말 아랍인들이 시칠리아를 점령했을 당시, 시칠리아의 장인들은 꿀이 아닌 사탕수수를 사용하는 아랍인들의 기술을 배워, 시칠리아 땅에서 자라는 맛있고 풍성한 과일들과 에트나 산에서 가져온

눈으로 보다 더 맛있는 소르베또를 만들었다.

또한 13세기 중국의 베이징 거리에서는 우유나 과일즙을 얼린 아이스 바를 판매하는 카트를 흔히 볼 수 있었는데, 중국을 탐험하던 이탈리아 탐험가 마르코 폴로Marco Polo가 이러한 모습을 보고, 우유와 과일을 얼린 형태의 이 디저트를 이탈리아로 처음 전파했다는 설도 있다. 위에서 나오는 설들은 젤라또 뿐만 아니라 아이스크림, 소르베또 등 우리가 아는 모든 빙과류의 시초이다.

그렇다면 얼음과 눈, 과일즙으로만 만들어 먹던 차가운 디저트가 어떻게 '젤라또'라는 형태의 디저트로 발전되었을까?

14세기 이탈리아 피렌체에서 시작된 르네상스Rinascimento 시대와 콜럼버스 신대륙의 발견은 젤라또 역사에 중요한 획을 그었다. 새로운 항로의 개척으로 동방국가와의 무역이 활발해지며 카카오, 커피, 차, 이국적인 과일, 허브, 향신료 등 이탈리아에서 볼 수 없었던 원료들이 많이 유입되었기 때문이다.

르네상스의 후원자 메디치 가문에서는 "단 한 번도 보지 못한 특별한 요리"라는 주제로 요리경연을 주최했는데, 대회에는 토스카나주의 유명한 요리사들이 참가하였다. 이 경연에서 요리는 그저 취미로만 했던 닭장수 주세페 루제리Giuseppe Ruggeri가 소르베또를 만들어 선보이며 우승을 차지하기도 하였다.

카테리나 데 메디치Caterina de' Medici가 프랑스의 앙리2세Henry II와 혼인을 하며 프랑스로

떠날 때, 그 당시에 프랑스에는 존재하지 않았던 새로운 음식문화를 전파하게 되는데, 이 때 요리경연에서의 우승으로 유명해진 주세페 루제리를 함께 데려갔다. 그녀는 결혼연회에서 이탈리아 음식의 우월함을 보여주기 위해 그에게 소르베또를 만들길 요구했고, 이로 인해 프랑스인들의 입맛까지 사로잡은 주세페 루제리는 프랑스 귀족들이 가장 많이 찾는 요리사가 되었다.

하지만 그의 명성은 오래가지 못했다. 소르베또의 레시피를 그 누구에게도 알려주지 않고 자신만의 비밀로 간직하던 주세페 루제리는 프랑스 요리사들의 시기와 질투를 받게 되었다. 그들의 괴롭힘을 견디지 못한 그는 카테리나 데 메디치에게 '사람들이 부디 자신을 잊기를 바라며 가족들과 닭이 있는 피렌체로 돌아가겠다'는 편지와 소르베또의 레시피를 남기고 프랑스를 떠나버렸다.

같은 시기에 또 다른 주요 인물인 베르나르도 부온탈렌티Bernardo Buontalenti는 건축가, 화가, 조각가, 군사기사, 무대감독, 불꽃제작자 등 다양한 분야에 독창성을 가진 인물이었다. 벨베데레 요새Forte del Belvedere를 디자인하고 우피치Uffizi와 보볼리정원Giardino di Boboli을 완성한 그는, 요리에도 관심이 많았고 실력 또한 아주 출중하였다. 겨울에 산에서 가져오는 얼음과 눈을 소금과 섞어 장기간 보관하기 위해 빙실을 제작했는데, 밀짚과 코르크나무를 덮어 외부온도에 영향을 최대한 받지 않도록 만들었다. 이로 인해 겨울뿐만 아니라 일 년 내

내 항상 차가운 디저트를 즐길 수 있게 되었다.

스페인 사절단을 맞이하는 대규모 연회를 기획하는 임무를 맡았을 때는 멋진 연극공연과 화려한 불꽃쇼를 기획하며 자신이 발명한 기계로 베르가못과 레몬, 오렌지를 섞어 만든 차가운 크림을 선보여, 많은 외국인들과 스페인 사절단의 기억에 남게 하였다. 이후로도 메디치가의 여러 연회에서 여태껏 본 적이 없는 베르나르도 부온탈렌티만의 독창적인 차가운 디저트들을 만들어 내면서 자신의 존재를 알렸다.

1559년 벨베데레 요새Forte del Belvedere 완공 기념파티 때는 달걀과 꿀, 약간의 와인을 섞어 만든 젤라또를 선보이는데, 현재까지도 '젤라또 부온탈렌티Gelato Buontalenti' 또는 '크레마 피오렌티나Crema Fiorentina'라고 불리며 피렌체 사람들이 즐겨 먹는 맛 중 하나이다.

주세페 루제리Giuseppe Ruggeri와 베르나르도 부온탈렌티Bernardo Buontalenti가 르네상스시대에 젤라또와 소르베또 등 차가운 디저트를 귀족 가문만을 위해 만들었고, 그 맛의 즐거움이 귀족들만 누릴 수 있는 특권이었다면, 프란체스코 프로코피오 데이 콜텔리Francesco Procopio dei Coltelli로부터 이탈리아 젤라또가 상업화되면서 유럽 전체에 널리 퍼지게 되었다.

시칠리아의 어부였던 그는 바다생활에 지치고 더 이상 섬에서는 미래가 보이지 않자 어부의 일을 그만두고 많은 고민을 하던 시기에, 그의 할아버지가 시칠리아를 지배했던 아랍인들보다 소르베또를 더 완벽하게 만들기 위해 스스로 발명하다가 실패한 소르베또 기계를 우연히 발견하게 되었다. 평소에도 호기심이 많고 재능이 많았던 프란체스코 프로코피오 데이 콜텔리는 이 기계로 다양한 연구를 시작하는데, 설탕과 소금을 넣으면 냉각시간이 길어져 보다 더 맛있고 완벽한 젤라또가 만들어진다는 사실을 알아냈다.

그 후로 많은 실패와 개선작업을 거쳐 기계를 완성하고, 지쳐있던 섬 생활에서 벗어나 프랑스 파리로 완성된 기계를 가지고 이주했다. 머리가 총명했던 그는 1686년 파리 중심가에 '카페 르 프로코프Cafè Le Procope'라는 이름으로 여태껏 존재하지 않았던 새로운 형태의 카페

겸 젤라떼리아를 오픈했다.

항상 새로움을 추구했던 그는 메뉴개발에도 힘썼고, 고객에게 서빙되어 나가는 커피잔이나 젤라또 컵의 디자인 등에도 세심하게 많은 부분 신경을 쓰면서 입소문이 나기 시작했다. 이곳에서의 성공으로 프랑스 국립극장Comédie Française 근처의 더 넓은 공간으로 카페를 옮기는데, 그곳에서는 지금까지도 매장이 활발히 운영되고 있다.

그의 명성과 레시피의 독창성을 태양왕 루이14세에게까지 인정받아 그라니따Granita, 젤라또Gelato, 커피푸딩Gelo di Caffè, 프랑지판Frangipane 등은 그만이 독점으로 판매할 수 있는 특권을 부여받는다. 또한 유럽의 가장 유명한 문학 카페로 자리 잡으면서 프랑스 국립극장의 유명한 배우들과 철학가 루소Rousseau, 소설가 빅토르 위고Victor Hugo 등

문화계 지식인들이 즐겨 찾는 곳이 되었다. 이렇게 시칠리아 출신의 어부 프란체스코 프로코피오 데이 콜텔리와 함께 젤라또는 성공적으로 프랑스에 널리 퍼지게 되었고, 더 나아가 전 세계로 확산되었다.

1700년대에 들어서면서부터 프란체스코 프로코피오 데이 콜텔리Francesco Procopio dei Coltelli의 성공적인 영향으로 전 세계로 흩어져 있던 이탈리아 이민자들이 젤라떼리아를 오픈하기 시작했다. 영국의 런던에는 베네치아 출신 알레산드로 사르텔리Alessandro Sartelli가 과일즙, 꿀, 우유, 달걀과 생크림 등을 넣어 처음으로 젤라또를 소개하였고, 미국 뉴욕에서는 제노바 출신 죠반니 보지오Giovanni Bosio, 프랑스 파리에는 나폴리 출신 알레산드로 토르토니Alessandro Tortoni가 이탈리아대로에Boulevard des Italiens 르 나폴리트Le Napolitain 카페를 오픈하며 쿠키 사이에 젤라또를 넣는 것을 처음으로 개발했는데, 이탈리아 작곡가 로씨니Gioacchino Rossini가 즐겨 방문하던 곳이기도 하다.

1775년 나폴리의 의학물리학자 필립뽀 발디니Filippo Baldini의 저서 『*De' Sorbetti*』에는 "소르베또는 인간의 이성이 만든 정제된 식품이며, 설탕과 소금, 거기에 차가움이 같이 있으면 우리의 건강에도 좋은 영향을 주고 기분을 좋아지게 하는 긍정적인 효과를 가져 온다."라고 말했다. 아직까지는 젤라또라는 명칭이 아닌 소르베또로 불렸지만, 이 책에 의해 그 전과는 다르게 세 가지 명칭으로 소르베또가 분류되었다. 첫 번째는 산미가 있는 과일을 사용해 만들었다 하여 '약산성 소르베또Sorbetto Subacidi'라 불렀고, 두 번째는 계피, 커피, 초콜릿, 피스타치오 등을 사용해 만들었다 하여 '향미 소르베또Sorbetti Aromatici'라 불렀고, 마지막은 '우유 소르베또Sorbetti Lattiginosi'라 분류하였다.

DE
SORBETTI
SAGGIO MEDICO-FISICO
DEL DOTTOR
FILIPPO BALDINI
Professor di Medicina, e Lettor Straordinario de' Morbi Nervini nella Regia Università di Napoli, Accademico dell' Istituto delle Scienze di Bologna, Socio corrispondente delle due Reali Accademie di Firenze de' Georgofili, e de' Fisico-Bottanici, e della Reale Accademia delle Scienze di Siena.
NAPOLI MDCCLXXV.
NELLA STAMPERIA RAIMONDIANA
CON LICENZA DE' SUPERIORI

이 세 가지 모두 소르베또라 불렸지만, 이미 물베이스와 우유베이스로 구분되어 맛과 제조법이 다양하게 개발되기 시작하였다.

젤라또의 황금기로 여겨지는 1800년대에는 기술적인 변화도 가져왔다. 그전까지는 소르베또를 만드는 방법이 용기에 재료를 넣고 나무주걱으로 계속 저어 돌리며 냉각시켜 힘이 들고 시간이 많이 드는 작업이었는데, 미국의 평범한 주부였던 낸시 존슨Nancy Johnson이 나무통에 손잡이가 달려 손으로 돌리는 수동식 냉동기를 발명하며 특허를 받았다. 그녀의 발명은 아주 단순하지만 효과적이었다. 큰 힘을 들이지 않고 손잡이를 일정하게 돌림에 따라 재료들이 균일하게 잘 섞이고, 그 결과 입자가 그전처럼 거칠지 않고 상당히 부드러워졌다. 하지만 그녀는 자신이 발명한 기계를 상업화 할 능력이 없어 윌리엄 영William Young이라는 주방용품 도매상에게 헐값에 기계에 대한 특허를 판매하고, 이후 수십 차례에 걸쳐 개량이 이루어졌다. 낸시 존슨의 발명과 윌리엄 영의 사업 추진력과 노력은 젤라또와 아이스크림이 더 이상 상류층만이 즐기는 것이 아닌, 대중화 될 수 있는 계기가 되었다.

비슷한 시기에 볼티모어에서 유제품을 판매하던 야콥 푸셀Jacob Fussel에 의해 아이스크림이 처음으로 산업화되었다. 그는 유제품의 일정하지 않은 수요로 인해, 판매되지 않고 남는 생크림과 우유들을 처리하기 위해 아이스크림을 만들어 판매하기 시작하였다. 그는 유제품을 구매하던 기존의 고객들에게 기발함을 보여주었고, 그렇게 시작된 판매가 1851년에 세븐 벨리Seven Valleys에 처음으로 아이스크림 공장을 세우게 되었다. 2년 후 그는 볼티모어로 공장을 옮기고 이 외에도 여러 도시에 공장을 만드는데, 대량생산을 통해 아이스크림을 대중화에 성공시키며 다른 판매자들보다 저렴한 가격에 공급하며 큰 인기를 얻었다.

이들의 영향 때문인지 이 시기에 영국과 미국으로 이주한 이탈리아 이민자들이 거리에서 카트를 끌며 젤라또를 판매하는 모습이 보이기 시작하면서 젤라또가 퍼지게 되었는데, 그 당시 젤라또를 파는 이탈리아인들을 '호키포키Hokey-pokey'라고 불렀다. 이 젤라또 문화가 이탈리아에서 시작되었다고 하면, 유행을 주도한 곳은 프랑스였고, 대중화시킬 수 있었던 곳은 미국과 영국이었다.

1900년대에 들어오면서 젤라또 역사는 또 한 번의 혁신기를 거치면서 전 세계 소비자들에게 더 대중화되

었다. 이탈리아 베네토 주의 도시 발 졸다나Val Zoldana와 카도레Cadore 지역의 많은 젤라띠에레들이 이탈리아의 국경을 벗어나 유럽 전 지역에서 카트를 끌며 젤라또를 판매하였고, 조리법은 점차 더 세련되어졌고 소비자들이 젤라또를 더 잘 즐길 수 있도록 콘이 나오고 수동식 기계에서 자동식 기계로 발전하는 등 오늘날 우리가 아는 젤라또의 완전한 형태가 만들어지는 시기이다.

이전까지만 해도 젤라또 콘이라 함은 현재의 과자 콘Con의 형태가 유리용기나 금속용기에 담기는 것을 콘이라 불렀다. 현재 우리가 즐겨 먹는 이 콘의 역사를 이야기할 때 콘 발명의 최초 인물로 항상 거론되는 두 사람이 있는데, 미국의 이탈리아 이민자 이탈로 마르끼오니Italo Marchioni와 시리아 출신 어니스트 함위Ernest Hamwi이다.

1895년 미국으로 이민 온 이탈리아인 이탈로 마르끼오니는 뉴욕의 월스트리트 지역에서 젤라또 카트에 젤라또와 소르베또를 유리컵에 담아 판매했다. 하지만 유리의 특성상 미끄러져 깨질 위험도 있고 부피가 커 보관하기도 힘들며 유리컵을 사용함에 따라 생겨나는 여러 불편으로 인해 종이컵을 사용하는 방법으로 바꾸었는데, 이 역시 쓰레기가 많이 나오는 단점이 있었다. 그래서 그는 와플 콘을 개발하게 되었는데, 반죽을 구워 뜨거운 상태에서 용기에 담아 컵 형태로 모양을 만든 뒤 젤라또 용기로 사용하며 소비자들에게 판매하였다. 이것을 1903년 12월 13일 한 번에 10개씩 와플 콘을 만드는 기계를 특허 받는다.

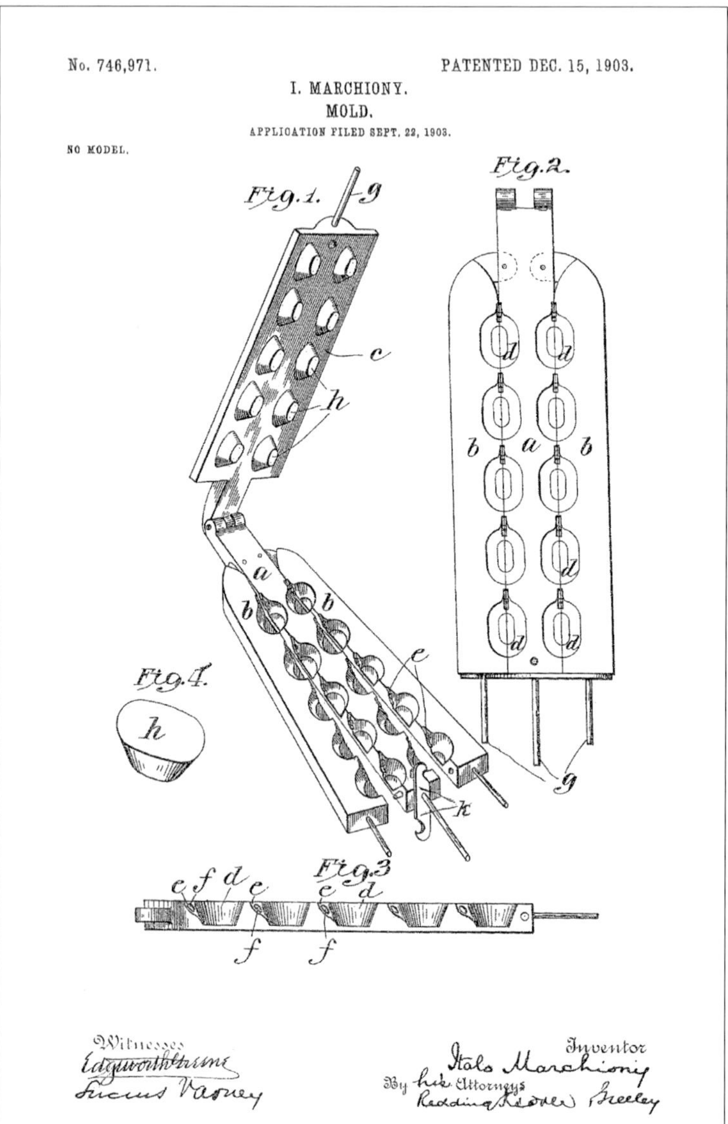
No. 746,971.
PATENTED DEC. 15, 1903.
I. MARCHIONY.
MOLD.
APPLICATION FILED SEPT. 22, 1903.
NO MODEL.
Fig. 1.
Fig. 2.
Fig. 3
Fig. 4.
Witnesses
Inventor
Italo Marchiony
By his Attorneys

와플 콘에 담겨 판매되던 젤라또를 이 당시 미국에서는 'Toot'라 불렀는데, Toot이란 이탈리아어 tutto(전부)라는 단어에서 파생되어 모든 것을 다 먹을 수 있다는 의미로 붙여진 이름이다.

이탈로 마르끼오니의 와플 콘 성공으로 월스트리스트에서 가장 인기 있는 젤라또 카트가 되었고, 혼자서 하나의 카트로 젤라또 판매를 시작한 것이 그가 고용한 고용인들이 운영하는 젤라또 카트가 45개까지 늘어나게 되었다.

두 번째로 많이 거론되는 인물인 시리아 출신 어니스트 함위Ernest Hamwi는, 1904년 7월 23일 미국 세인트루이스에서 열린 세계박람회(정식 명칭은 루이지애나 매입기념박람회Louisiana Purchase Exposition이다)에 참가한다.

이곳에서 자라비아Zalabia를 판매하던 어니스트 함위는 옆에서 젤라또를 팔던 십대 소년 아놀드 포나슈Arnold Fornachou가 젤라또를 담아줄 용기가 떨어져 더 이상 판매할 수 없는 것을 보고, 자신이 만들던 뜨거운 자라비아를 원뿔 모양으로 돌돌 말아 젤라또를 담고 판매할 수 있도록 도와주었다. 하지만 이 날의 상황에 대한 자세한 기록은 남아있지 않다.

1928년 5월 〈The Ice Cream Trade Journal〉과의 인터뷰에서 어니스트 함위 스스로가 그날을 이야기하여 최초의 원뿔형 젤라또 콘이라고 더 많이 회자되었지만, 사실 1904년 그날의 박람회에서는 어니스트 함위 외에도 여러 제과 업체와 젤라또 업체들이 이와 같은 방법으로 젤라또를 판매했다는 말이 전해지고 있다.

어찌되었든 어니스트 함위의 재치 있고 뛰어난 아이디어로 박람회가 끝난 후 그의 젤라또 콘은 세인트루이스에서 아주 큰 인기를 얻게 되었다. 그 인기를 업고 어니스트 함위는 제이 피 핵클J. P. Heckle의 도움을 받아 코누코피아 와플 컴퍼니Cornucopia Waffle Company를 설립하여(후에 미주리 콘 컴퍼니Missouri Cone Company로 이름을 변경한다) 미국 전 지역을 다니며 자신의 회사와 콘을 널리 알리기 위해 많은 노력을 한다. 그들의 이야기에 따르면, 조지아주Georgia 오거스타Augusta에서는 5,000개의 콘을 무료로 나누어주는 행사도 진행했는데, 그 무렵 이미 전국적으로 약 2억5천만 개의 콘을 생산했다.

원조에는 항상 논란이 많은 법이지만, 어찌되었든 젤라또를 깨질 위험이 많은 유리컵이나 쓰레기가 많이 나오는 종이컵에 담지 않고 완전히 다 먹을 수 있는 와플 콘에 담아 스푼으로 떠먹는 문화가 이탈로 마르끼오니Italo Marchioni로 인해 퍼지기 시작했다면, 원뿔형 콘을 보다 더 대중화시키고 영화 로마의 휴일에서 오드리 햅번이 젤라또를 손

에 쥐고 먹는 장면이 나오기까지는 어니스트 함위Ernest Hamwi의 역할이 크지 않았나 싶다.

1927년에는 이탈리아 볼로냐Bologna 출신 오텔로 카따브리가Otello Cattabriga에 의해 첫 자동 젤라또 제조기가 탄생했다. 당연한 이치겠지만, 자동기계의 출시로 많은 젤라띠에레들의 힘든 노동이 줄어들었고 그에 따라 큰 성공을 이루었다. 본인의 성을 그대로 따서 카따브리가Cattabriga로 출시된 이 기계는 현재까지도 출시되고 있으며, 전 세계 많은 젤라띠에레들이 좋아하는 기계이다.

우리가 살아가고 있는 오늘이 내일의 역사가 되듯이, 수세기에 걸쳐 변화되어 온 젤라또가 앞으로는 또 어떠한 모습으로 진화될 지도 궁금하다.

오늘날 우리 입맛의 취향은 참으로 다양하고 재료 선택의 폭이 넓어졌다. 그에 따라 예전에는 상상도 할 수 없었던 젤라또의 맛을 세계의 젤라띠에레들이 만들어내고 있다. 디저트로만 즐길 수 있다고

생각한 젤라또가 레스토랑과 협업하여 음식의 맛을 젤라또로 만들어 내는데 '젤라또 고메Gelato Gourmet'라고도 부르며 정통의 맛에 제한을 두지 않고 독창적인 아이디어로 다양한 맛을 만들어 낸다.

대표적인 예로, 까르보나라 젤라또, 훈제연어 젤라또, 빠떼 젤라또 등이 있는데, 물론 이런 일반적이지 않은 맛들을 콘 하나에 다 담아 먹지는 않는다. 접시에 한 스푼 정도 예쁘게 담아 올려 데커레이션 한 후 전채요리에 곁들여 나오는 경우가 많다.

젤라또는 이미 그 자체로도 완벽하게 맛있는 맛을 선보이지만, 앞에서 보아온 역사의 인물들이 존재하지 않았다면 우리는 여전히 부드러운 젤라또가 어떤 것인지도 몰랐을 것이고, 젤라또 콘을 손에 쥐고 거리를 거닐며 먹는 즐거움도 누리지 못했을 것이다. 그렇기에 오늘도 우리는 더 많은 호기심을 가지고 젤라또의 미래를 바라보아야 한다.

우리나라 아이스크림의 역사

한반도의 얼음저장고와 관련된 기록은 '삼국유사', '삼국사기'에 나오는데, 신라시대 경주에는 얼음을 전문적으로 저장하는 빙고가 설치되었다고 한다. 한국 고대역사에서는 디저트가 일찍 시작된 서양에서처럼 얼음을 곱게 갈아 먹었다거나, 과일이나 꿀 등 자연재료를 섞어먹었다는 기록은 찾아보기 힘들지만, 1900년 이후 여름만 되면 등장하기 시작했던 빙수점이 생긴 이후에는 많은 한국인들의 사랑을 받아온 것은 분명하다.

한국에서의 빙수는 일본식 가키고리 정도에서 시작했지만, 독립적으로 발전을 거듭해 온 결과, 최근 빙수전문점에서 인기 있는 메뉴는 각종 농산물과 과일을 접목시킨 것들이 많다. 딸기 빙수, 메론 빙수, 수박 빙수, 망고 빙수 등은 여름철이면 늘 찾는 메뉴이다. 시원하고 부드러운 눈꽃얼음에 신선한 과일이 잘 섞여져 만든 소르베또Sorbetto는 과일을 맛있게 먹는 최고의 방법이다.

1920년대 들어 등장한 아이스크림은 달걀노른자, 설탕, 우유를 기본으로 바닐라에센스를 첨가한 수준이었지만, 표현에 수줍은 조선인들에게도 '애인의 키스'라고 불릴 만큼 놀라운 사랑을 받았다고 한다.

적어도 도시에 사는 식자층(識者層)에서나 즐겼던 아이스크림은 1944년 여름의 청량제 아이스께키가 등장하면서 대중화가 시작된다. 당시 아이스케키는 아이스크림을 흉내 낸 것으로 다른 물과 설탕, 향료로 만든 것이지만, 한국전쟁 이후 대도시와 중소도시에서 암모니아로 냉동하여 본격적으로 판매하였다. '석빙고', '앙꼬'라는 아이스케키는 특히 가난한 가정의 소년들에게 아이스케키 통을 메고 도시 골목을 누비게 하였다. 그리고 1962년 '하드'라고 불리는 아이스크림이 등장하면서 '우유가 든 영양식품'이라며 인기를 끌게 되었다.

1970년대에는 바밤바(밤 맛), 쮸쮸바(딸기 맛), 새로미바 등 기업형 브랜드 아이스크림이 등장하게 되었다. 1986년 8월 명동에 등장한 베스킨라빈스가 프리미엄급 아이스크림을 내놓으며, 이전의 인공향료를 단순첨가했던 수준을 넘어 과일 원물의 함량을 높이고, 건강에 좋다는 재료를 아이스크림에 많이 사용하면서 더욱 인기를 끌게 되었다.

1990년대 과일과 농산물(쌀, 콩) 등을 직접 갈아 넣은 수제아이스크림, 젤라또의 등장은 로컬푸드의 활용가치를 높이는 계기가 되었으며, 최근 들어 더욱 웰빙 트렌드와 로컬푸드 운동과 가장 잘 어울리는 식품으로 각광을 받고 있다.

세계 속의 젤라또

젤라또 페스티벌Gelato Festival

'젤라또의 아버지'라 불리는 베르나르도 부온탈렌티Bernardo Buontalenti의 도시 피렌체에서, 2010년 처음 시작된 이 축제는 해를 거듭할수록 성장하여, 현재는 매년 4월 피렌체를 시작으로 6개월 동안 약 9개의 도시를 돌아다니며 젤라띠에레들의 경연과 젤라또 문화를 알리고 있다. 처음에는 이탈리아 도시에서만 진행되는 어찌 보면 현지인들만의 축제였는데, 2014년부터는 유럽으로 확산되며 올해(2017년)는 영국, 폴란드, 독일에서도 축제가 열린다.

축제는 참여할 수 있는 프로그램이 다양한데, 티켓(2017년 기준 1인 가격 12유로)을 구매하여 유명한 젤라띠에레들의 젤라또를 맛볼 수 있고, 야외 작업장이 구비되어 있어 젤라띠에레들이 현장에서 직접 기계를 이용하여 신선한 젤라또를 만드는 모습을 볼 수 있다. 또한 시간대에 따라 유명 젤라띠에레들과 요리연구가들이 자신만의 독창적인 제조법을 공개하며 강연도 진행된다. 축제에 참여한 젤라띠에레들은 자신의 레시피로 한 가지 맛 젤라또를 만들어 경연을 하는데, 젤라또를 맛 본 사람들의 투표를 통해 순위가 매겨지고, 그 순위에 따라 메달이 수여되며 우승자에게는 '올해 유럽 최고의 젤라또'라는 타이틀이 부여된다.

GELATO FESTIVAL 2017
Uno scoppio di novità!
Una bomba de novedades!
A Blast of innovation!
Eine Innovationsbombe!
Strategic partners
CARPIGIANI
Sigep
Il Buontalenti
The Gelato Laboratory
GELATO FESTIVAL 2017
Europe
GELATO FESTIVAL
GELATO FESTIVAL

한국에서 매년 11월에 카페쇼가 열린다면, 이탈리아에서는 매년 1월 리미니에서 씨젭SIGEP 박람회가 열린다. 1980년 이탈리아 젤라또 장인협회를 통해 탄생한 씨젭은 젤라또를 비롯한 제과, 제빵, 커피, 초콜릿 분야의 발전하는 트렌드를 알 수 있고, 원료 및 재료, 시설 및 장비까지 디저트의 모든 분야를 다 아우르는 국제적인 박람회이다.

박람회 현장에서 진행되는 각 분야의 전문가들이 세미나를 열기도 하고, 시연회 및 다양한 이벤트를 진행하며 분야 및 연령별로 다양한 경연도 진행한다.

씨젭SIGEP에서 열리는 젤라또 경연으로는 2년에 한 번씩 '젤라또 월드컵Coppa del Mondo della Gelateria'이 열린다. 젤라또, 제과, 초콜릿, 요리전문가 등 각 분야의 디저트 셰프들이 같이 한 팀을 꾸려 참여하는데, 총 7가지 작품을 만들어 내어 평가를 받는 만큼 그 해의 디저트 트렌드를 한눈에 볼 수 있는 아주 독특하고 재미있는 대회이다.

젤라또 월드투어Gelato World Tour

젤라또 페스티벌이 피렌체를 중심으로 이탈리아와 유럽국가에서 진행되고 있는 축제라면, 젤라또 월드투어는 칼피지아니 젤라또 대학Carpigiani Gelato University과 씨젭SIGEP의 주최 하에 유럽국가 뿐만이 아닌 미국, 아시아까지 영역을 펼쳐 젤라또 문화를 알리는 조금은 더 국제적인 축제이다.

젤라또 월드투어에서는 젤라또 페스티벌처럼 젤라띠에레들의 경연이 진행되는데, 축제에 방문한 참가자들이 젤라또를 자유롭게 맛보고 평가할 수 있다. 각 국가에서 경연을 펼쳐 우승한 젤라띠에레들은 씨젭에서 마지막 파이널 경연을 벌이고, 우승자에게는 '세계 최고의 젤라또'라는 타이틀이 부여된다. 아직까지 전문 젤라띠에레들이 많지 않은 한국에서는 개최된 적이 없지만, 한국 젤라또 시장이 발 빠르게 성장하는 현재의 추세로 보아 한국에서도 곧 개최되길 희망한다.

칼피지아니 젤라또 대학Carpigiani Gelato University

이탈리아 볼로냐 근처 안졸라 델 에밀리아Anzola dell'Emilia에 위치한 칼피지아니 젤라또 대학은 2003년에 설립되어 전 세계적으로 매년 약 7천 명의 학생들을 양성하는 최대 젤라또 교육기관이다. 젤라또에 대한 기본개념부터 젤라또를 다양하게 활용할 수 있는 법까지 체계적으로 프로그램이 잘 구성되어 있고 이탈리아어, 영어, 스페인어, 프랑스어, 독일어 등 다양한 언어의 코스가 있다. 한국어 코스는 일 년에 두 번 개설된다.

현재 한국에서는 본교 교육에 참석하지 못하거나 젤라또에 관심이 많은 분들을 대상으로 칼피지아니 젤라또 대학 교육 중 가장 기초적인 교육을 개설하여 진행 중에 있다. 또한 기초교육에서 끝나지 않고 이 교육을 이수한 분들을 대상으로 하여, 칼피지아니 젤라또 대학의 마에스트로 장파올로 발리Gianpaolo Valli 학장의 보다 심화된 교육이 진행될 예정이다.

CARPIGIAN
LATO UNIVERSIT
칼피지아니 젤라또 유니버시티 교육자 과정 연수단 2기
CGU GELATO MASTER COURSES
TOTAL F&B

젤라또 박물관Gelato Museum

2012년 9월에 개관한 젤라또 박물관은 수세기에 걸쳐 내려온 젤라또의 역사, 문화, 기술을 한자리에서 만날 수 있는 최초의 젤라또 박물관이다. 기원전부터 오늘까지 시간의 경과에 따른 젤라또의 진화, 생산기술의 역사 그리고 젤라또가 소비되는 장소와 방식을 볼 수 있고, 1,000m^{2}의 공간에는 20대의 오리지널 기계, 젤라또 도구, 멀티미디어 프레젠테이션과 10,000여 개의 역사적인 이미지 및 문서 등 관람객이 젤라또에 대해 쉽고 깊이 있게 이해할 수 있는 문화공간이다.

젤라또 박물관은 안졸라 델 에밀리아Anzola dell'Emilia의 칼피지아니Carpigiani 본사에 위치하고 있으며, 박물관 투어 외에도 칼피지아니 젤라또 대학 강사들이 투어 참가자들에게 가정에서 젤라또를 만들어 먹을 수 있는 교육을 연계하여 진행하는 등 체험할 수 있는 다양한 프로그램들이 있다.

GELATO & Gelatiere

젤라또 재료

젤라또 대학에서 배운 그대로
Gelato & Gelatiere

 원료의 이해

일반 젤라떼리아에서 실제 사용하는 원료(재료)를 중심으로 설명하고자 한다. 물(우유), 설탕(당류)에 대해서는 비교적 자세하게 설명할 것이다. 그리고 젤라떼리아에서 일반적으로 사용하는 시판베이스의 구성을 살펴보고, 젤라또 제조에 흔히 쓰이는 유화제, 안정제 등의 원료들에 대해서도 설명하고자 한다.

젤라떼리아를 오픈하게 되면, 젤라또 대학에서 배운 대로 일일이 표를 작성하여 각각의 원료를 구매하여 계량하고 밸런싱Balancing하면서 만들기에는, 바쁘고 생각한 대로 제품이 나오지 않는다는 것을 깨닫게 된다. 그 이유는 원료에 대한 세부 특성과 용법에 대해서 정확히 모르기 때문이라 할 수 있다.

일반적으로 젤라또 대학에 비치되어 사용하던 안정제라 불리는 원료는 그 안에 몇 가지 미량의 원료가 최적의 비율로 섞여 있는 혼합제제였기 때문에, 똑같은 회사 제품을 사용하지 않고서는 배울 때와 똑같은 품질의 젤라또가 만들어질 수 없다. 실제 현장에서는 매일매일 다양한 레시피의 제품을 만들어야 하기에, 재료 준비와 레시피를 간편하게 만들어 혹시 모를 배합 실수를 예방해야 한다. 따라서 전문 젤라또 원료 공급업체의 안정제 혼합제제와 베이스를 사용해야 한다.

최고의 맛을 구현하고 다양한 레시피를 개발하기 위해서는 원료에 대한 지식과 이해, 응용력을 갖춰야 하는데, 우선 기본 재료들에 대한 특성과 상호작용에 대한 지식을 익히고, 원하는 젤라또의 맛과 질감을 만들기 위해 필요한 재료(원료)를 잘 선택하는 것이 중요하다.

젤라또를 만들기 위해서는 필요한 원료로는 물, 우유, 크림, 당류, 달걀 그리고 다양한 향미재료가 있다. 좀더 전문적으로 표현하면 다음의 표와 같이 유제품, 감미료, 안정제, 유화제, 달걀류, 무기염류, 색소, 기능성 원료, 기타(식물성유지, 전분, 향료, 과일농축액 등)가 있다.

젤라또의 기본적인 원료

유제품류	우유, 생크림, 버터, 탈지분유, 탈지농축유, 유청분말, 연유, 카제인나트륨
감미료	정백당, 포도당, 이성화당 / 전화당, 꿀, 고감미료
안정제	젤라틴, 구아검, 로커스트콩검, 카라기난, 잔탄검, 타마린드검, CMC
유화제	레시틴, 글리세린지방산에스테르
달걀류	난황액, 전란액, 난백분
무기염류	구연산, 정제염
색 소	인공색소(타르색소), 천연색소
기능성원료	올리고당, 당알코올, 식이섬유, 칼슘, 비타민C 등
기 타	식물성유지, 전분, 향료, 과일 농축액, 견과류 페이스트, 초콜릿, 카카오

물

젤라또 구성 성분 중 가장 많은 비율을 차지하는 것은 물이다. 소르베또의 기본재료가 물이고, 첨가되는 과일들 역시 물로 구성되었으며, 우유 역시 90% 정도의 물로 구성된 재료이다.

물은 빙점이 0℃로써 설탕을 비롯한 다양한 고형분들이 함께 혼합되어 빙점이 낮아지면서 영하(-)의 온도에서도 부드러운 질감을 가진 젤라또 혹은 소르베또가 된다. 고형분 중에 설탕, 포도당의 당류 등은 물에 잘 용해되지만, 생크림 같은 지방이 들어있는 재료 등은 물과 온전히 섞이지 않는다. 이에 따라 유화제, 안정제 등을 첨가하여 지방을 완전히 유화시키게 해야 한다.

오랜 역사를 통해 계승 발전된 젤라또와 소르베또의 레시피 등에는 많은 연구결과를 통해 적절한 수분함량이 정해졌는데, 젤라또의 경우 적정수분 54~70%, 고형분 32~46%이며, 소르베또의 경우는 적정수분 65~75%, 고형분 25~35%이다.

우유

우유는 젤라또를 만들 때 가장 중요한 기본 재료이다. 지방함량에 따라 일반우유(3~4%), 저지방(1.5~2%), 무지방(0.1%)으로 나뉜다.

또한 살균방법에 따라 저온살균(63~65℃ 30분 이상 살균, 4℃ 냉장보관으로 3~5일 보관)과 멸균우유[UHT, 135~150℃에서 2~5초간 고온 단시간 살균, 3~4개월(18/20도 보관 시)]로 나뉜다. 우유 1리터는

1,030g으로 계산되며, 우유가 없을 경우 900g 물과 130g 전지분유(지방 26%)를 혼합하여 사용한다.

우유의 영양성분 구성은 다음과 같이 87.5%가 수분이다.

성분명	%	비 고
지 방	3.5%	
단백질	3.5%	
유 당	5.0%	SML(무지유고형분) = 9%
무기질	0.5%	
수 분	87.5%	
합 계	100.0%	

*SML(Solidi Magri del Latte) 또는 MSNF(Milk Solid Non Fat) : 우유 중 유지방과 수분을 제외한 모든 고형분(단백질과 유당, 칼슘, 비타민 등)이 함유되어 있다.

분유

90% 이상의 우유 수분을 제거한 분유의 종류로는 탈지분유(지방 1%), 전지분유(지방 26%)가 있다.

탈지분유

탈지분유 내의 단백질은 젤라또의 질감을 결정해 주는데, 한마디로 믹싱되어 냉각되는 과정에서 공기를 잡아주는 뼈대 역할을 하여 모든 재료가 잘 혼합되어 고객에게 서빙 시 스쿠핑을 원활하게 하는 역할을 한다. 탈지분유 속 유당의 경우, 설탕보다 감미도는 약하지만, 빙점강하 역할이 크고 수분 흡수율이 높아 안정감 있는 젤라또를 만들어 준다. 하지만 온도 충격(변화)이 있을 때, 유당은 결정입자가 커지면서 꺼끌꺼끌한 느낌(외관, 식감)을 만든다.

생크림

젤라또에 가장 많이 사용되는 생크림은 35%의 유지방(33~38%)을 함유하고 있다. 일반적인 젤라또 레시피의 유지방함량은 4~8%인데, 유지방이 지나치게 많으면 보관 중 고체화되어 단단한 젤라또가 된다.

생크림 보관은 항상 4℃ 미만으로 유지해야 하며, 생크림이 없을 경우 버터와 물, 탈지분유를 섞어 만들거나 휘핑크림, 커피프리머 등으로 대체할 수는 있지만, 완성된 맛과 질감은 달라진다.

우유단백질

젤라또베이스 원료 상에 등장하는 우유단백질은 젤라또의 약한 바디감과 거친 조직을 방지한다. 물에 분산되어 결착력을 강화시킨다.

당류

젤라또, 소르베또를 만들 때 사용되는 당류에는 설탕, (결정)포도당, 과당, 유당, 말토덱스트린, 꿀, 전화당, 글루코스시럽 등이 있다. 물론 당 섭취량 조절이 필요한 소비자를 위해 솔비톨, 말티톨 같은 당 알코올류나 수크랄로스, 스테이오사이드 같은 인공감미료가 사용되기도 한다.

당류는 젤라또에서 적절한 감미와 고형감을 주는 중요한 역할을 하지만, 목표로 하는 당도와 질감에 따라 균형 잡힌 비율로 사용하는 것이 올바르다. 당류는 믹스의 점도와 고형분량을 증가시켜 젤라또의 조직 및 고형감을 증진시키지만, 너무 많이 사용하면 조직을 눅눅하게 하거나 경직하게 하므로 주의해야 한다.

다양한 당분의 조합이 젤라또의 맛과 질감을 결정한다는 것에 유의하며, 가장 이상적인 감미료인 설탕부터 하나씩 이해해야 한다.

설탕

설탕은 물, 공기(기포)와 함께 젤라또의 3대 기본원료이다. 설탕은 젤라또(당 함유 14~26%)와 소르베또(당 함유 26~33%)에서 가장 큰 비중을 차지하는 고형분이다. 기본적으로 젤라또에 단맛을 주고, 다른 재료에 풍미를 증진시킨다. 그리고 물과 결합하면 빙점을 떨어뜨려 젤라또의 식감을 만들어 주는 기능적인 면에서 매우 중요한 원료이다.

설탕은 크게 시중제품 형태로 백(하얀)설탕, 황설탕, 흑설탕으로 나뉘는데, 젤라또 제조 시에는 정백당, 즉 백설탕이 가장 많이 쓰인다. 고형분 99.9%의 백설탕은 사람들의 입 속에서 느끼는 감미가 가장 자연스럽고, 또한 다른 감미료에 비해 젤라또의 우유 풍미와 가장 잘 조화를 보인다. 아울러 다른 향미를 높여주는 역할과 젤라또를 보다 촉촉한 느낌을 주는 기능을 한다.

설탕은 베이스에 사용되는 안정제 등의 용해 시 분산제 역할을 한다. 하지만, 지나치게 비율이 높으면 재결정화가 되어 모래알 씹힘 현상이 생긴다.

포도당

젤라또 특유의 찰진 질감은 포도당으로부터 나온다. 설탕에 비해 70%의 감미를 보이지만, 빙점 강하력은 거의 두 배에 가까운데, 포도당 사용량을 늘리면 동일한 온도에서 젤라또의 수분 동결량은 낮아져 젤라또 조직이 열 충격 등에 대단히 약해진다. 즉 빙결정의 크기가 커져 조직이 안 좋아지며 끈끈하게 달라붙는 현상이 발생하게 된다. 젤라또 표면이 촉촉하게 젖은 느낌과 광택(윤기)이 나는 것이 포도당(혹은 꿀, 이성화당)을 너무 많이 사용한 결과이다.

포도당의 종류로는 정제포도당, 함수결정포도당, 무수결정포도당, 과 액상포도당이 있으며, 젤라또에는 수분 10% 이하, DE 99.5% 이상, 덱스트린 0.5% 이하인 순도가 높고 풍미가 좋은 함수결정포도당이 주로 쓰인다.

포도당을 과다하게 사용하면 보형성과 열 충격성이 좋지 않아, 젤라또의 내성을 약화시키고 맛 변질이 쉬워 풍미 이상의 원인이 될 수 있다. 따라서 감미료 중의 비율이 25%를 넘기지 않도록 해야 한다.

물엿 / 말토덱스트린

전분을 원료로 하여 산 또는 효소로 가수분해 하여 얻어지는 서로 다른 DE값을 가진 각종 중간 분해물과 포도당 등의 당분이 혼합된 액을 물엿이라고 한다. 젤라또보다는 일반 아이스크림을 만들 때 사용하는 값싼 고형분 원료이지만, 다른 당류에 비해 빙점강하 현상을 덜 일으키고(DE42, 수분 25% 이하의 ICE당의 경우 설탕에 비해 80%), 조직을 부드럽게 해주며 보형성을 개선시킨다. 하지만 전체 감미료에서 25~35% 이상을 사용하면, 이취가 발생하여 깨끗한 맛이 떨어지고 조직이 끈적이는 경향이 발생한다.

젤라또에 쫀득한 식감을 줄 수는 있겠지만, 젤라또 원료로는 분말물엿, 즉 가루엿을 사용한다. 보통은 DE값이 높은 것은 분말하기가 힘들어, DE25 정도인 물엿을 수분 3~5%로 분말화 한 것이 많이 쓰인다. 하지만 전문 소재회사에서 특수 가공한 글루코스시럽 분말, 즉 글루시텍스 DE38~40 제품을 사용하는 것을 권장한다.

말토덱스트린

전분당 중 DE20 이하를 말토덱스트린이라 부른다. 일반적으로 DE값이 낮을수록 바디 형성력, 점착성, 기포 안정성, 점성, 덩어리 방지성이 좋아지고, 갈변성, 빙점 강하성, 흡습성, 감미도, 용해도는 떨어진다고 한다.

따라서 DE값이 물엿이나 글루코스시럽에 비해 낮은 말토덱스트린은 지방과 유사한 식감(농후감)이 있어, 젤라또(아이스크림)와 크림류 제품에서 지방을 대체하는 역할을 한다. 아울러 설탕을 비롯한 당의 결정화를 방지한다.

과당

과당은 다른 당류에 비해 단맛을 빨리 느낄 수 있고 뒷맛도 없어서 강하고 상쾌한 맛을 느낄 수 있다. 설탕과의 맛 상승효과와 다른 향미와의 상승작용도 하는데, 일반적으로는 이성화당 / 전화당(액상과당)을 사용한다.

과당 42, 과당 55 등으로 불리는 제품은 이성화당 / 전화당(액상과당) 중의 과당의 함량(%)을 나타낸 것이다. 가격이 설탕보다 저렴하고 액상으로 사용이 가능해 작업성이 우수하고 감미도가 높다. 젤라또에 사용되기보다는 빙과제품(젤라또 스틱)에 많이 사용된다. 결정과당이라 불리는 것은 이성화당 / 전화당의 당액을 결정화 한 것으로, Low GI, 저칼로리이며 시원한 감미를 주지만 젤라또에는 사용되지 않는다.

꿀

꿀은 당과 물의 집합으로, 포도당과 과당이 약 70%, 설탕과 맥아당이 약 10%, 물과 나머지가 약 20%, 벌꿀 특유의 방향성분이 미량만 들어있다. 꿀은 이성화당 / 전화당과 유사한 기능을 할 수 있다고 볼 수 있으나, 가격이 비싸서 꿀의 건강적인 이미지와 독특한 향미 그리고 다른 향미를 돋우기 위해 사용한다.

현장에서 다양한 당류의 배합비율을 조절하며, 젤라또의 맛과 질감을 맞춰가는 방법을 이해하기 위해서는 각각의 당류 POD Potere Dolcificante와 PAC Potere Anticongelante의 개념과 차이를 반드시 숙지해야 한다. 하지만 낮은 온도에서 화학적으로 혼합된 당류 서로간의 결합과 그로 인해 발생하는 시너지를 예측할 수는 없는 부분이라, 너무 수학적으로 계산하듯이 배합표를 작성할 필요는 없다.

당류의 당도와 빙점강하와의 상관관계 정도를 이해해야 한다. 물의 빙점은 0℃인데, 다양한 빙점강하력을 가진 당류의 조합으로 만들어지는 젤라또의 온도는 영하 15에서 영하 13℃로 낮춰진다. 최적의 당류 조합과 함량이 젤라또와 소르베또를 이상적으로 부드럽고 크림성 있게 만들지만, 너무 많은 양의 당류와 빙점이 낮은 당류의 사용은 젤라또와 소르베또를 질척이게 만든다.

당의 종류	POD	PAC	시중제품 예시
설 탕	100	100	CJ 하얀 설탕, 큐원 설탕
포도당	70~74	180	함수결정포도당
과 당	173	190	큐원 과당 55
유 당	16	100	젖당, 락토오스
말토덱스트린	2	0	큐원 제네덱스
꿀	130	190	동서벌꿀
글루코스시럽분말(DE 38~40)	28	45	프랑스 로케트 글루시덱스
글루코스시럽분말(DE 21)	15	25	
글루코스시럽분말(DE 30)	20	28	

화이트베이스를 통한 POD, PAC 개념 이해

재 료	중량(g)	당함량(g)		POD	참조치	PAC	참조치
우 유	1,030	–					
탈지분유	51	–					
생크림	160	–					
설 탕	210	210	75.5%	210	1	210	1
포도당	22	20.24	7.3%	14.2	0.7	38.456	1.9
글루코스시럽	50	48	17.2%	24	0.5	43.2	0.9
안정제 0.5%	7	–					
합 계	1,530	278.24		248		291.7	
		18.2%		16.2%		19.1%	
참조치		실제당도		체감당도			

*POD(POTERE DOLCIFICANTE) : 베이스의 단맛을 판단하는 수치
*PAC(POTERE ANTICONGELANTE) : 어는 것을 방지하는 힘(위의 표는 19.1%)

따라서 위의 표에 의해 만든 제품은 덜 달게 조금 단단하게 젤라또가 된다. 그리고 설탕, 포도당, 글루코스시럽은 빙점에 영향을 준다(포도당함량이 높아지면 빙점이 올라간다). 일반적으로 글루코스시럽으로 물성을 조절한다. 포도당은 빙점에 많은 영향을 주게 되어, 많이 넣게 되면 너무 부드러워 콘에 담기가 어려워 잘 넘어지게 된다.

기타 감미료

고감미도 감미료

아스파탐, 스테비아, 아세설팜칼륨, 수크랄로스 등은 설탕에 비해

감미도가 높은 감미료로서, 빙점강하를 시키지 않으면서 설탕을 대체하거나 서로 배합하여 조화로운 감미질을 만들 때 사용한다.

당알코올류

설탕, 과당, 포도당, 맥아당, 유당 등의 당류를 환원하여 만드는 환원당인 당알코올류에는 자일리톨, 에리스리톨, 만니톨, 솔비톨, 락티톨, 이소말트, 말티톨, 환원물엿 등이 있다.

젤라또를 비롯한 아이스크림에서의 주된 사용 목적은 당류를 대체하여 무설탕제품을 만드는데 사용되는 경우가 있다. 치아에 비우식성을 보이고, 당뇨병 환자의 섭취가 가능하며 청량감이 좋고, 체내 이용률이 낮고, 열량이 적으며 성인병 예방효과가 있지만, 감미도가 떨어지고 과량섭취 시에는 설사가 일어날 수도 있다. 그리고 무엇보다도 가격이 비싸다는 단점이 있다.

자일리톨의 경우, 비싼 가격에 빙점강하 능력이 높아 젤라또 혹은 아이스크림보다는 빙과류에 사용되고, 비결정성 솔비톨의 경우 약 5% 정도 첨가하여 바디감과 조직감을 위해 사용될 수도 있다. 하지만 역시 빙점강하 값이 크므로 열 안정성(온도변화에 따른 유통안정성)이 떨어질 수 있다.

설탕과 가장 유사한 말티톨의 경우, 설탕의 65~85%의 감미도와 더불어 가장 유사한 감미질을 보여준다. 깔끔한 단맛과 상쾌한 자연감미의 느낌은 설탕을 대체하여 단독 사용할 수 있어, 무설탕 아이스크림(젤라또)의 배합이 가능하다.

환원물엿은 말티톨함량이 50% 미만으로 저감미, 보습효과, 바디감 부여 등의 기능을 보인다. 따라서 말티톨과 함께 사용하여 물엿을 대체하는 원료로 사용한다. 여러 종류의 당알코올과 함께 감미와 정미를 조절하면서 적절한 바디감을 형성하고 고감미도 감미료를 추가하여 전체적으로 감미와 조직감을 높인 무설탕 젤라또(아이스크림)를 만들 수 있다.

설탕 70% 시럽

재 료	중 량
물	3kg
설 탕	7kg
합 계	10kg

일반적으로 설탕시럽을 만들 때 위의 표처럼 만드는 것으로 알고 있지만, 젤라또는 당함량 총량 및 재결정 방지를 위해 포도당과 글루코스시럽을 첨가하여 제조한 시럽이 사용된다.

재 료	중량(g)	당함량(g)
물	2,882	–
설탕(100%)	4,900	4,900
글루코스시럽(96%)	1,458	1,400
포도당(92%)	760	700
합 계	10,000	7,000

*당의 비율은 설탕 70%, 글루코스시럽 20%, 포도당 10%로 안정제 없는 시럽을 제조한다.

만드는 방법은 80℃에서 30~35분간 끓여주는데, 70% 시럽은 박테리아가 번식하지 못해 상온 보관이 가능하다.

설탕 50% 시럽

70% 시럽과는 다르게 안정제가 들어가는 50% 시럽은 소르베또를 보다 간편하게 만들기 위해 고안되었다. 70% 시럽과는 다르게 냉장 보관을 해야 한다.

재 료	중량(g)	당함량(g)	기 준
물	4,815	–	–
설 탕	3,500	3,500	70%
글루코스시럽	1,042	1,000	20%
포도당	543	500	10%
안정제FF	100	–	0.8~1%
합 계	10,000	5,000	50%

달걀

젤라또 믹스에서 증점 기능을 줄 수 있는 단백질과 레시틴이라는 천연유화제(복합인지질)를 함유한 달걀은 현대의 젤라또 레시피에서는 주로 사용되는 원료가 아니다. 품질유지 기한이 짧고 달걀에서 파생되는 위생 문제와 재료 준비과정 등에서 부담이 되기 때문이다. 하지만 전통을 중시하는 이탈리아의 일부 젤라떼리아에서는 안정제나 유화제를 쓰지 않고 아직도 노른자를 고집한다.

달걀은 젤라또의 맛과 향 그리고 질감에 영향을 주는 재료이다.

젤라또의 부드러움과 따뜻한 느낌을 주는데 있어서, 난황의 지방은 생크림의 역할을 하고, 단백질이 탈지분유, 레시틴이 안정제와 유화제 기능을 하기에 가능하다. 난황 1kg은 60개 전란(18g 난황 1개)을 기준으로 하고, 난황을 사용하여 젤라또를 만드는 경우 노른자의 비린 맛을 잡기 위해 바닐라 페이스트나 바닐라 빈을 함께 사용한다.

향미 재료

과일

과일은 우유베이스로 만들어지는 젤라또와도 잘 어울리지만, 소르베또와 궁합이 더 잘 맞는다. 소르베또를 만들기 위해서는 신선한 과일을 직접 넣는 방법, 과일농축액(퓨레)을 사용하는 법, 토핑으로 효과를 낼 수도 있다. 과일마다 가지는 수분, 당도 그리고 산도가 다르고 섬유질의 함량도 다르기에 사전에 과일성분에 대해 이해해야 한다.

초콜릿 & 카카오분말

초콜릿은 크게 다크, 밀크, 화이트, 코팅용으로 나눌 수 있고, 초콜릿 젤라또를 만들기 위해 사용되거나 바리에가또(장식)를 위해 사용된다.

카카오 파우더는 내추럴 타입과 더치 타입으로 나누어 사용할 수 있는데, 붉은 색상의 맛과 향이 강한 초콜릿 맛을 만들기 위해서는 내추럴 타입을 사용하고, 붉은 갈색의 진하고 신맛이 적고 부드러운 초콜릿 맛을 내기 위해서는 알칼리 처리를 한 더치 타입을 사용한다.

일반적으로 초콜릿 젤라또는 화이트베이스에 초콜릿 페이스트를 넣거나 다크베이스를 별도로 제조해서 만들 수 있다.

다크베이스를 만들기 위해서는 우유, 설탕, 생크림, 베이스, 카카오를 넣은 믹스를 90℃까지 살균하고, 나중에 믹스 온도가 85℃로 떨어졌을 때 초콜릿을 넣는 과정을 반드시 지켜야 한다. 그래야만 카카오의 풍미가 충분하게 나는 초콜릿 젤라또를 만들 수 있다. 초콜릿을 30~38℃ 정도로 녹여 추출되는 젤라또에 바리에가또(장식)하여 만드는 스트라치아텔라(초코칩) 제품은 어느 젤라떼리아에서도 맛볼 수 있는 인기제품이다. 그리고 젤라또를 몰드에 넣어 굳히고 나서 역시 녹여진 초콜릿을 묻혀 만든 젤라또바 혹은 젤라또케이크 역시 소비자들이 많이 찾는 제품이다.

카카오닙스Cacao Nibs를 바리에가또나 추출되는 젤라또에 섞어주면, 바삭거리는 독특한 카카오빈 자체를 느낄 수 있다.

견과류

견과류는 지방함량이 상당히 높아서 실온 보관 시 산패의 위험이 크다. 특히 불포화지방산이 풍부한 호두, 마카다미아, 헤이즐넛, 피스타치오 등은 산패가 아주 쉬워 견과류를 사용한 젤라또를 만들기 위해서는 산패를 확인하고 견과류를 넣어야 한다.

하지만 견과류는 일반적으로 가공된 페이스트를 사용하는 것이 일반적이며, 그래서 신선한 견과류는 바리에가또로 토핑하거나 젤라또 추출 시 섞어주는 것을 권장한다.

소금

시중에서는 정제소금(염도 99%)과 천일염(염도 88%)을 쉽게 구할 수 있는데, 젤라또에서는 천일염을 사용하는 것이 좋다. 왜냐하면, 소금의 사용은 설탕을 비롯한 다른 재료들의 맛을 증진시키는 역할을 하기 위해서이지 짠 맛 자체를 표현하고자 함은 아니다.

티 & 허브

허브를 인퓨전 하는 방법과 콜드브루된 농축액을 사용할 수 있다.

식초

최근 유행인 과일 발효식초(바나나, 파인애플, 자몽, 블루베리, 복분자 등)를 넣어 만들면 강한 향미를 지니고 가벼운 식감을 가진 소르베또가 된다.

알코올

알코올성분은 빙점 강하력이 매우 강해서 젤라또나 소르베또가 냉동되지 않아 소량을 사용해야 한다. 일반적으로 젤라또에 알코올이 든 주류를 첨가하면 질감이 매우 부드러워지게 된다. 한국에서는 막걸리, 맥주, 와인을 이용하여 색다른 향미의 소르베또를 만들어 판매하는 젤라떼리아들이 있다.

쌀(리조)

화이트베이스에 지은 밥알을 넣어 주거나, 우유 대신 라이스밀크를 사용하고 생크림 대신 식물성 크림을 사용하여 비건Vegan 소르베또를 만들기도 하는데, 밥알이 들어 있는 리조 젤라또는 한국인이 좋아하는 인기메뉴이다.

베이커리

오레오쿠키, 핑거쿠키(티라미수용), 치즈케이크 등이 쓰이는데, 젤라또와 섞거나 외관을 장식한다.

페이스트

시중에는 다양하고 맛있는 젤라또를 만들 수 있는 페이스트가 있다. 미리 만들어놓은 베이스에 일정비율을 섞어주기만 하면 훌륭한 맛의 젤라또를 만들 수가 있다.

- 페이스트 종류
  - A타입 : 젤라또를 경화시키는 성분의 페이스트, 카카오성분(카카오버터)
  - B타입 : 젤라또의 점성을 변화시키지 않는 페이스트
  - C타입 : 경향이 부드러운 젤라또를 만드는 페이스트(설탕, 알코올 위주 배합)
- 페이스트 종류에 따른 부재료(추가)의 변화 : 페이스트를 첨가함

으로써 변하는 젤라또의 식감(경도)을 좋게 하기 위해 당류 및 유지방이 함유된 재료 등을 첨가한다.

- A타입(견과류, 초콜릿) 페이스트 : 젤라또가 너무 단단해지는 것을 방지하기 위해 당류를 첨가한다. 포도당 15~25g, 설탕 25~80g, 전화당(꿀) 20~50g
- C타입(설탕이 많은 것, 알코올이 든 것) 페이스트 : 젤라또가 너무 부드러워지는 것을 방지하기 위해 지방을 첨가한다. 생크림 30~110g(평균치 70g), 우유 30~80g(평균치 55g)

잣 젤라또 밸런싱

젤라또의 기본배합 구성은 화이트베이스 + 다양한 페이스트 + 리밸런싱 재료로, 예를 들어, 잣을 이용한 젤라또는 다음과 같이 배합표를 작성하여 제조하게 된다.

재 료	중량(g)	%	계량중량(g)	비 고
화이트베이스	1,000	88.9	3,110	–
잣	100	8.9	310	80~120g/kg, 일반적으로 중간값 첨가
포도당	25	2.2	80	첨가량은 다음날 상태를 보고 판단
합 계	1,125	100	3,500	

비교적 지방함량이 높은 잣 페이스트를 사용함에 따른 밸런싱

재 료	중량(g)	당함량(g)	지방 함량(g)	SML(g)	기타고형분(g)	총고형분(g)
화이트베이스	1,000	182	60	98	5	345
잣 페이스트	100	3	61	–	36	100
합 계	1,100	185	121	98	41	445
(%)		16.8%	11%	8.9%	3.7%	40.4%

지방이 많은 잣 페이스트 첨가에 따라 포도당으로 리밸런싱을 하면, 추가할 설탕의 함량(%)은 잣 젤라또(기본 배합) 지방함량인 11%에서 화이트베이스 지방함량인 6%를 빼낸 5%를 2로 나눈 값인 2.5%를 적용한다(젤라또 대학 경험치). 따라서 16.8% 당함량을 가진 기본 배합에 2.5%를 더한 19.3%의 당함량이 되었을 때 위 레시피 상에서 너무 단단하지 않고 밸런스가 맞는 젤라또가 완성된다.

포도당 첨가량을 20%, 30%, 35%를 첨가한다고 가정하면,

- 20% 첨가 시 당함량은 18.4%로 기존 185 당함량에 더하여 1,120으로 나누면 18.2%
- 30% 첨가 시 당함량은 27.6%로 기존 185 당함량에 더하여 1,130으로 나누면 18.8%
- 35% 첨가 시 당함량은 32.2%로 기존 185 당함량에 더하여 1,135으로 나누면 19.14%

즉 35% 정도의 포도당 첨가는 밸런스가 맞은 배합이 되는 것을 알 수 있다. 따라서 리밸런싱 된 배합표는 다음과 같다.

재 료	중량(g)	당함량(g)	지방함량(g)	SML(g)	기타고형분(g)	총고형분(g)
화이트베이스	1,000	182	60	98	5	345
잣페이스트	100	3	61	–	36	100
포도당	35	32.2	–	–	–	32.2
합 계	1,135	217.2	121	98	41	477.2
(%)		19.1%	10.6%	8.6%	3.6%	42%

이 밸런싱 된 배합표로 제조된 젤라또는 기본 배합표의 제품보다 경도가 높아진 것을 알 수 있다.

안정제와 유화제

젤라또 레시피에서는 안정제와 유화제를 통합해서 안정제라 칭한다. 일반적으로 안정제와 유화제는 적절한 비율로 섞어 첨가하는데, 극소량만 쓰이는 원료이다. 하지만 젤라또의 식감과 질감을 결정하는 중요한 기능을 한다. 젤라또가 만들어지는 과정과 보관·유통되는 시간 중에서 수분과 결합하여 균일하고 촘촘한 얼음결정체를 만들어 좋은 식감을 만들어주며, 보다 오랜 기간 보관할 수 있도록 해준다.

일반적으로 젤라떼리아에서는 뉴트럴스Neutrals라 불리는 증점제와 겔화제, 유화제가 혼합된 상업적인 복합 원재료를 사용한다. 0.1%의 유화제, 0.2~0.3%의 증점제 & 겔화제가 들어있는데, 미량이지만 젤라또 믹스를 만드는 과정에서 분말들의 분산을 돕고, 용해되는 과정에서 덩어리짐을 방지하는 역할을 해준다.

안정제

증점제 혹은 겔화제라 불리는 물질인 안정제는 젤라또 믹스에서 물과 결합하여 겔을 형성하는데, 이것이 얼음결정이 생기거나 커지는 것을 방지하게 된다. 그 결과 온도변화에 따른 열 충격에도 젤라또 식감이 부드럽고 안정적으로 유지된다.

젤라또에 직접 혹은 베이스 형태로 첨가되는 안정제 종류로는 잔탄검, 구아검, 로커스트콩검, 카라기난검, 한천 등이 있다. 자신의 중량보다 수백 배의 수분을 흡수하는 성질로 인해서 젤라또만의 찰기 있는 식감을 만들어준다. 아울러 다양한 재료의 각기 다른 산도에도 성질을 유지하여 만들어진 식감과 질감을 유지하게 된다. 안정제 각각은 용해되는 온도와 산도가 있어서 각각의 특성을 잘 살펴 사용해야 제대로 된 기능을 발휘시킬 수 있다. 일반적으로 안정제는 부형제를 포함해서 0.5% 이하를 첨가한다.

유럽에서 주로 사용되는 안정제로는 다음과 같은 것이 있다.

- Carob Bean Gum(E410) : 지중해 연안을 따라 서식하는 뿌리혹박테리아식물 캐럽Carob에서 추출한 것으로, Hot & Cold 젤라또 프로세스에서 모두 안정하다. 무색무미로 젤라또의 향미에 영향을 주지는 않지만, 수화가 되면 자기무게의 80~100배 정도 부푸는 특성으로 다른 검류들과 혼합되어 사용된다.
- Guar Gum(E412) : 식물의 분말로 점성이 매우 높다. 일반적으로 Carob Bean Gum과 70%(Carob Bean Gum) : 30%(Guar Gum) 비율로 혼합하여 사용한다.
- Tara Gum(E417) : 페루지역 식물의 씨앗에서 얻은 타라검은 구아검에 비해 선호되는 검류이다. 왜냐하면, 좀 더 중성이고 향미증진의 효과가 있기 때문이다. 타라검 역시 잔탄검과 혼합해서 사용된다.

- Xanthan Gum(E415) : 미국에서 발견한 식물성 다당체로, 셀룰로오스를 발효하는 식물체의 박테리아를 통해 얻어진다. 잔탄검은 산성조건에서 Hot & Cold 프로세스 과정에서 높은 점성과 안정도를 보이며, 캐럽 대용으로 사용되기도 하고 다른 검류와 혼합하여 사용한다. 구아검과 병용하면 현저한 증점효과가 있고, 젤라또의 증점(식감개선) 및 유화안정성 부여를 위해 사용된다.
- Pectin(E440) : 펙틴은 과실과 야채 등에 일반적으로 함유되어 있는 물질로, 주로 소르베또에 겔화성을 부여하고 식감이 좋은 증점기능과 유성분의 안정화를 위해 사용된다.
- Carrageenan(E407) : 한천, 젤라틴과 동일하게 열가역성의 겔을 형성하여, 젤라또 유통과정에서 안정하다. 유단백질과 반응하여 점성을 만들어 보수성과 안정성이 향상된다.
- The Alginates(E400-405) : 갈조류 중에 주로 칼슘염의 형태로 존재하여, 알칼리 추출물로서 오래 전부터 젤라또의 안정제로 이용되어 왔다.

안정제 함량 정하기(과일에 따라 차이)

1.5	2.25	3.0	3.75	4.25	4.5
바나나	망고	딸기	수박	자몽	레몬

*정밀저울로 계량한다.

젤라또 / 소르베또에 사용되는 주요 안정제 종류 및 특성 소개

안정제	표기사항	기 원	특 징	사용제한
E410 Locust Bean Gum (Carob Gum)	로커스트콩검	식물성 다당류	80℃ 이상 가열, pH5~10	없다.
E412 Guar Gum	구아검	종자	냉수가용, pH2~10	없다.
E417 Tara Gum	타라검	종자	80℃ 가열, pH3~10	없다.
E415 Xanthan Gum	산탄검	식물성 다당체	냉수가용, pH2~12	없다.
E440 Pectin	펙틴	과실	냉수가용, 60~70℃, 산성에서 안정	없다.
E407 Carrageenan	카라기난	해조	70℃ 가열, pH5~10	없다.
E400-405 The Alginates E400 Alginic Acid E401 Sodium Alginate E402 Potassium Alginate E403 Ammonium Alginate E404 Calcium Alginate E405 Propane-1,2-diol Alginate (Propylene Glycol Alginate)	알긴산류	해조류	냉수 / 고온, pH5~10	알긴산프로필렌글리콜의 사용량은 알긴산프로필렌글리콜로서 식품의 1% 이하여야 한다.
E464 Hypromellose (Hydroxypropyl Methylcellulose)	셀룰로오스 유도체	천연고분자 유도체	냉수가용, pH5~10	없다.
E466 Carboxymethyl Cellulose, Sodium Carboxymethyl Cellulose				카르복시메틸셀룰로오스나트륨의 사용량은 식품의 2% 이하여야 한다(메틸셀룰로오스, 카르복시메틸셀룰로오스칼슘 또는 카르복시메틸스타치나트륨과 병용할 때에는 각각의 사용량의 합계가 식품의 2% 이하여야 한다).

식이섬유Vegetable Fibres

이눌린Inulins은 젤라또 믹스에 많이 사용되는 대표적인 식이섬유로, 다량의 물을 흡수하여 증점과 유화의 효과를 보여준다. 이눌린은 치커리 혹은 돼지감자Topinambour 등의 식물에서 얻어진 다당체이다. 장내에서 정장효과를 보이기도 하지만 과하면 설사를 유발한다. 하지만 젤라또 믹스에서는 자체는 무미하지만, 다른 향미를 증진시키고 약간 빙점강하를 시킨다(PAC4). 1~4% 첨가로 안정제를 대체할 수도 있다(고형분이 적고 당함량이 적은 레몬 젤라또 같은 경우에 2.5~3%).

유화제

유화제는 지방과 물 사이의 가교역할을 하는 특수한 지방으로, 젤라또는 물(우유), 설탕, 공기가 결합되어 만들어지는 제품이다. 따라서 성질이 다른 재료성분을 잘 섞이게 만드는 유화제가 반드시 필요하다. 젤라또의 주요 재료인 생크림, 초콜릿 속의 지방 등은 우유(물), 과일즙 등과 잘 혼합되어야 부드럽고 따뜻한 질감을 형성할 수 있다.

다양한 상업용 유화제 등은 믹싱과정에서 충분한 유화기능을 발휘하지만, 우유(물)를 데워서 사용하거나 살균기를 통해 온도를 높여주게 되면 보다 완벽한 유화효과를 기대할 수 있다.

현대의 젤라또 제조에 많이 사용되는 유화제로는 글리세린지방산에스테르(모노 & 디글리세라이드)와 대두레시틴이 있다.

유화제 종류 및 특성 소개

유화제	표기사항	상세설명
E322 Lecithin	레시틴	가장 오래 전부터 사용된 유화제로 난황레시틴과 대두레시틴이 있으며 젤라또 믹스 내 수분의 분산성을 개선한다.
E471 Mono-and Diglycerides of Fatty Acids(Glyceryl Monostearate, Glyceryl Distearate)	글리세린지방산에스테르	글리세린에 지방산이 결합한 것으로 합성유화제 중에서 가장 오랫동안 사용되어온 친유성 유화제이다. 지방과의 결합이 강하고, 지방의 분산이 도와 냉동 중의 기포성을 높여주며, 안전된 분산을 유지시켜 젤라또의 기립성과 보형성을 향상시킨다. 포화지방산과 불포화지방산이 적절히 혼합된 것이 좋다. 모노글리세리드에 젖산, 초산, 주석산 등 다양한 유기산을 에스테르 결합하여 사용한다.
E472a Acetic Acid Esters of Mono-and Diglycerides of Fatty Acid	글리세린초산지방산에스테르	
E472b Lactic Acid Esters of Mono-and Diglycerides of Fatty Acids	글리세린젖산지방산에스테르	
E472e Mono-and Diacetyl Tartaric Acid Esters of Mono-and Diglycerides of Fatty Acids	글리세린디아세틸주석산지방산에스테르	
E473 Sucrose Esters of Fatty Acids	자당지방산에스테르	설탕의 수산기에 지방산이 에스테르 결합한 것으로, 다른 유화제에 비해 친수성이 높지만 가격이 비싼 편이다. 일반적으로 기포성은 좋지만 약간 불안정한 단점으로 열 충격성에 약하여 다른 유화제와 섞어 쓰면 좋다.
E477 Propane-1,2-diol Esters of Fatty Acids, Propylene Glycol Esters of Fatty Acids	프로필렌글리콜에스테르	유화제로서의 기능보다는 안정된 알파결정을 갖고 있어 기포성 향상을 위해 사용된다.

원료에 따른 품질변화

젤라또 혹은 소르베또가 Heat Shock(열충격, 온도변화), 즉 유통, 판매과정 중에 계속적으로 해동과 동결이 반복되면 수축현상, 얼음 재결정화, 당석출(유당포함), 표면 얼음결정 형성, 손실 및 변형 등 발생한다.

특히, 크림 내 공기방울이 융합되어 젤라또 내에서 미세한 틈이 형성되어 공기가 빠져나가 원형이 손상되는 수축현상은, 공기방울 융합의 원인으로는 유통과정에서 생기거나 불안정한 에어셀 구조(적은 양의 지방응집) 때문이다. 안정제의 사용량 부족이나 당 조정에 따른 높은 어는점에서의 동결, 그리고 많은 오버런에 따른 약한 에어셀 막이 형성된 것이다. 유화제를 적게 사용하거나 미사용, 그리고 목적에 맞지 않은 유화제를 사용하여 균질화시킨 믹스는 동결 후 추출과정에서 낮은 점도로 토출되어 지방응집이 적게 되게 되는데, 이것이 주요 원인이 되어 발생하는 현상들이다.

매장에서 직접 만들어 판매하는 젤라떼리아의 경우는 원료에 따른 품질 변화를 많이 느끼지 못하지만, 공장에서 만든 제품을 디스플레이하여 판매하는 곳에서는 잘못 사용된 원료로 인해 혹은 첨가량이 적절하지 못할 경우, 제품 표면과 내부에 얼음결정이 생기게 된다. 아울러 정상적인 온도로 쇼케이스에 디스플레이 되었는데, 쉽게 녹아 바트 바닥에 물이 생긴다거나 부드러워야 할 제품이 쉽게 부서

지거나 서빙 시 젤라또가 단단해서 스쿠핑이 어려운 경우도 모두 잘못 사용된 원료로 인한 품질변화이다.

따라서 평소와 다른 이런 품질저하 현상이 발견된다면, 평소와 동일하게 만들었다하더라도 원료의 변화 혹은 계량착오가 있을 수 있으므로 다시 한 번 원료를 확인하여 만들어야 한다.

GELATO
&
Gelatiere

젤라또 제조

젤라또 제조에 있어서 신선하고 좋은 재료를 사용하는 것 외에도 중요한 것들이 있다. 좋은 재료들을 하나의 젤라또로 완성시키기 위해 필요한 기계와 도구, 소비자에게 일정하게 맛있는 맛을 전달해 주는 진열대이다.

젤라또 제조 및 판매에 필요한 도구

살균기 파스토리짜토레, Pastorizzatore

살균기는 젤라또 원료 중 유지방과 당, 안정제를 잘 용해시켜 젤라또의 가장 기본이 되는 베이스를 만드는 역할을 하는 기계이다. 각 원료의 영양적 특성을 유지하면서 가열을 통해 박테리아를 감소시키며 고온 · 중온 · 저온 살균을 한 뒤 4℃로 급속 냉각이 된다. 모든 재료를 한 번에 다 넣어 살균기를 작동하는 것이 아닌, 순서에 따라 액체류와 분말류를 나누어서 넣어주어야 한다.

일반적으로 85℃의 고온 살균을 많이 사용하고, 제조사에 따라 다르지만 살균 기능을 포함하여 4℃의 일정한 온도에서 진행되는 숙성 기능, 요거트 제조기능이 함께 갖추어진 기계도 있다.

숙성기 티노 디 마뚜라지오네, Tino di Maturazione

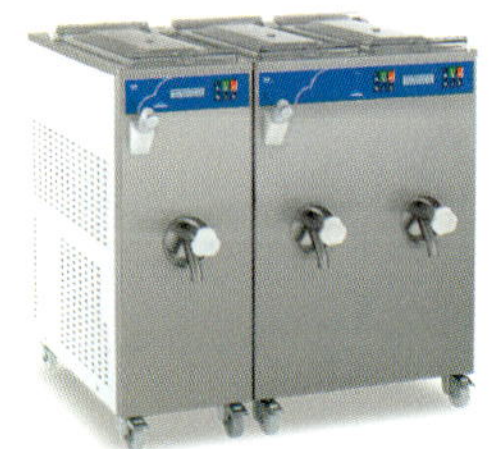

4℃의 온도로 일정하게 베이스를 숙성시키는 역할을 하는 숙성기는, 살균기를 활용할 수도 있지만 그렇지 못할 경우에 필요한 기계이다. 예를 들어, 대량생산을 하는 매장에서 살균기를 통해 숙성시간을 거치고 있는데, 다른 베이스를 살균해야 하는 경우가 생길 경우 두 대의 살균기를 사용하는 것보다 비용을 절감할 수 있는 숙성기를 사용하는 것이 보다 나은 선택이다.

베치프리저 만떼카토레, Mantecatore

베치프리저(제조기)는 모든 재료의 혼합물들을 하나의 완제품인 젤라또로 만들어내는 젤라떼리아 내에서 가장 중요한 역할을 하는 기계이다. 혼합물들이 4℃에서 영하의 온도까지 냉각 교반을 하며, 그 과정 중에 자연스레 공기가 들어가 젤라또를 부드럽게 만들어준다.

베치프리저는 네 가지 형태로 나눌 수 있다. 1927년 오뗄로 카따브리가Otello Cattabriga에 의해 처음으로 탄생한 자동 베치프리저는 수직 형태로 만들어졌다. 카따브리가에서 나오는 에페Effe는 수직형 베치프리저는 소르베띠에라Sorbettiera라고 불리는 원통에 혼합물을 넣고 나선형 날이 수직으로 돌아가며 젤라또가 만들어진다. 오래 전부터 사람이 나무통에 재료를 넣고 직접 주걱으로 저어주며 만든 방식을 그대로 따서 자동화시킨 기계이다. 젤라또가 만들어지는 과정을 볼 수가 있으며, 원하는 질감이 완성되었을 때 긴 스패츌러로 퍼서 바트나 카라피나에 담아준다.

수직형 베치프리저는 최초의 자동 젤라또 제조기이지만, 현대에서 바라보는 측면은 반자동 제조기라 표현할 수 있다. 왜냐하면 젤라또

가 완성되었음을 기계가 자동으로 알려주지 않고 젤라띠에레의 감각과 경험으로 완성도를 판단하여 너무 단단해지지 않도록 적절한 시점에 퍼내야 하기 때문이다.

근래에도 많은 젤라띠에레들이 수직형 베치프리저를 사용하지만, 수직형 베치프리저를 사용함에 따라 발생하는 노동과 경험이 부족하면 젤라또의 완성도가 떨어질 수 있다는 점을 보완하여 나온 제조기가 수평형 베치프리저이다.

수직형 베치프리저와는 반대로, 원통이 기계 내부에 수평으로 들어가 날 역시 수평으로 돌아가며 혼합물을 냉각 교반시킨다. 눈으로 보고 젤라또의 질감을 정확하게 판단할 수는 없지만, 기계가 시스템화 되어 있어 완성 시 알람으로 알려주고 젤라또를 바트나 카라피나에 담아 낼 때 역시 회전날이 고속으로 돌아가며 젤라또가 쉽게 배출될 수 있도록 도와준다.

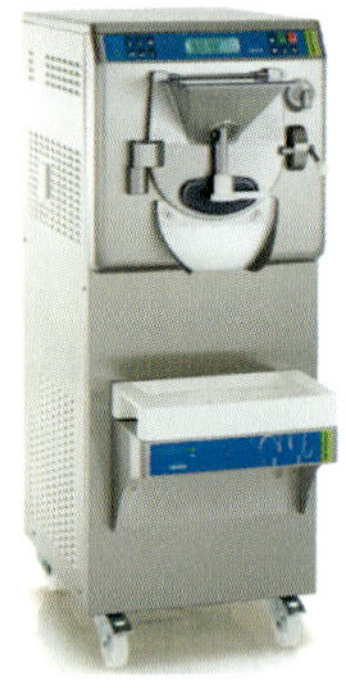

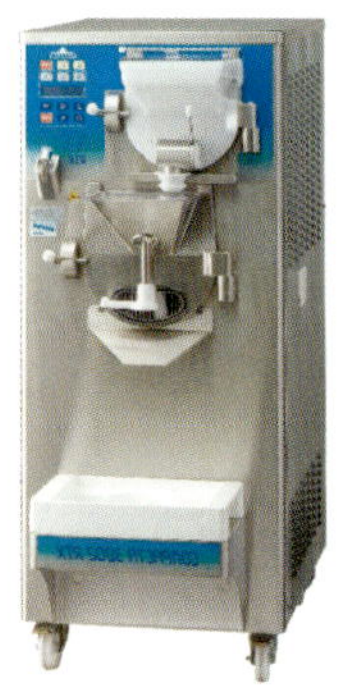

수평형 베치프리저는 살균기가 합쳐져 살균과 동시에 냉각 교반이 되도록 나오는 모델도 있다. 매장 내 작업공간이 좁거나 처음 매장을 시작할 때 투자비용을 절약하기 위해 살균기가 합쳐진 수평형 베치프리저를 선택할 수도 있다. 기계의 윗부분에 혼합물을 넣어 먼저 살균을 하고, 그 과정이 끝나면 혼합물이 기계의 중심에 위치한 원통으로 내려가 냉각 교반이 되는 시스템이다.

마지막으로, 수직형 베치프리저와 진열대가 하나로 합쳐진 형태의 제조기이다. 옆으로 긴 형태의 이 베치프리저는 수직으로 실린더가 들어가 있고 포제띠처럼 각각 통이 나뉘어져 있다. 실린더에 혼합물을 넣으면 냉각교반이 되고, 완성이 되면 다른 제조기들처럼 바트나 카라피나에 옮기지 않고 그 상태로 바로 고객에게 판매를 하는 시스템이다. 하나의 기계로 젤라또를 생산 · 보관 및 판매할 수 있는 제조기이다.

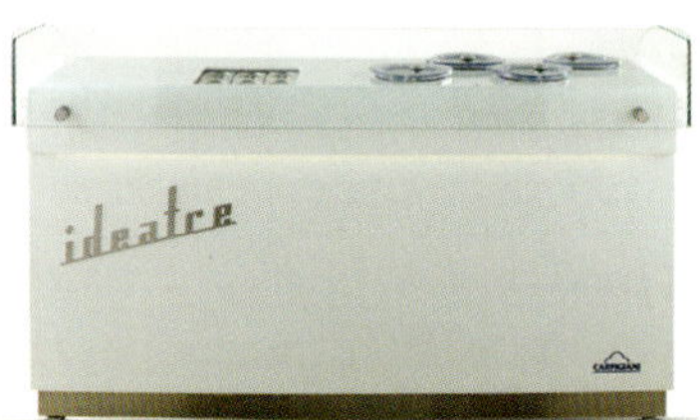

급냉고압바띠토레, Abbattitore

급냉고는 온도의 영향을 쉽게 받는 젤라또가 진열대 내에서도 최대한 좋은 상태로 유지될 수 있도록 급냉으로 젤라또 표면을 한 겹 보호해주는 역할을 한다. 일반적으로 매장에서 판매하기 위해서는 5~10분 정도 급냉고에 젤라또를 둔 뒤 진열대에 옮기고, 유통을 하기 위해서는 최소 1시간 정도 놔두며 젤라또의 가장 중심부까지 단단하게 얼린다.

쇼케이스베트리나, Vetrina

쇼케이스는 젤라또가 보이는 오픈형 진열장으로, 고객이 직접 젤라또를 보고 구매할 수 있어 시각적인 효과에 아주 좋은 진열장이다. 쇼케이스의 문은 일반적으로 좌·우로 움직이며 젤라또를 판매하는 사람쪽만 움직이게 되어 있는데, 모델에 따라 청소하기 편하게 정면 유리문도 열리는 쇼케이스도 있다.

쇼케이스의 젤라또는 바트바스케타, Vaschetta에 담아 진열되는데, 사용되는 바트Vaschetta 사이즈에 따라 디스플레이 할 수 있는 젤라또의 개수가 달라진다.

포제띠Pozzetti

포제띠는 밀폐형 진열장으로 고객이 젤라또를 보고 구매할 수는 없지만, 외부온도와 접촉이 차단되어 젤라또의 품질 유지에 용이한 진열장이다. 포제띠의 젤라또는 카라피나Carapina에 담아 진열되는데, 1단으로 보관할 수도 있고 모델에 따라 2단으로 보관할 수 있다. 예를 들어, 겉으로 보기에는 8개의 카라피나, 즉 8가지 젤라또가 있지만 그 아래에 8개의 카라피나가 더 있어 총 16가지 젤라또가 진열되는 것이다.

계산기칼콜라트리체, Calcolatrice

레시피 작업을 할 때 가장 중요한 역할을 하는 도구이다. 숫자 하나하나가 젤라또의 맛에 영향을 끼치는 만큼 크기가 크고 숫자가 한눈에 잘 보이는 계산기를 사용하는 것을 권장한다.

저울빌란차, Bilancia

계산기가 레시피 작업에 중요한 도구였다면, 저울은 젤라또 제조에 들어가기 전 가장 큰 역할을 하는 도구이다. 모든 재료들을 정확한 양으로 계산해야 하기에 전자저울 사용을 권장한다. 완벽한 레시피도 계량에서 실수가 생기면 완전히 다른 젤라또가 만들어지므로, 계량 작업 시에는 급하게 재료들을 다 집어넣는 것이 아니라 항상 신중하게 변화되는 수치를 확인하며 진행한다. 특히 파우더류를 계량할 때는 수분의 함유량에 따라 무게 차이가 나기에 더 주의해서 작업해야 한다.

핸드블렌더프룰라토레 아 임메르시오네, Frullatore a Immersione

젤라또 제조과정 중 필수적인 도구이다. 베이스에 만들고자 하는 맛(페이스트, 과일, 견과류 등)을 넣고 핸드블렌더로 세밀하게 잘 혼합해야 하기에, 일반 가정용 핸드블렌더가 아닌 업소용을 사용해야 한다.

스패츌러스파톨라, Spatola

젤라또 제조에는 단단한리지도, Ligido 스패츌러와 부드러운모르비도, Morbido 스패츌러 두 종류가 필요하다. 단단한 스패츌러는 젤라또가 완성되어 바트나 카라피나에 담을 때 사용하고 젤라또 모양을 잡아주는 용도이고, 부드러운 스패츌러는 재료를 섞어줄 때 사용되며 플라스틱 용기에 남은 젤라또 믹스를 깨끗하게 남김없이 잘 긁어 제조기에 넣어주는 역할을 한다.

당도계리프라또메트로, Rifrattometro

소르베또를 만들 때 가장 중요한 도구이다. 같은 과일이라도 지역마다, 그리고 계절마다 달라지는 과일의 당도를 내가 원하는 당 함량에 맞추기 위해서는 그날 사용할 과일의 당을 측정한 후 제조해야 한다. 예를 들어, 겨울 딸기가 봄 딸기보다 당분이 높고 신맛이 적기에, 겨울 딸기를 사용하여 소르베또를 만들 경우에는 내가 넣어야 하는 당의 함량을 조금 줄여서 넣어준다.

온도계테르모메트로, Termometro

온도계는 매장의 내부온도를 항시 체크할 수 있는 온도계와 젤라또 제조 시에 사용할 조리용 온도계가 필요하다. 조리용 온도계는 젤라또의 온도를 재는 역할도 하지만, 인퓨전인푸지오네, Infusione 젤라또를 만들 때도 많이 사용된다.

젤라또 제조 9단계

젤라또를 제조하기 위해서는 9단계의 과정이 필요하다. 재료의 선택에서부터 소비자에게 판매되기까지의 과정을 한 단계 한 단계 살펴보자.

재료의 선택Selezione Ingredienti

젤라또를 만드는데 가장 첫 번째 단계인 재료의 선택은 그 어떤 단계보다 중요한 단계이다.

자신이 하고자 하는 젤라떼리아의 콘셉트에 따라 사용하는 재료가 달라질 텐데, 예를 들어 친환경 유기농제품만을 사용하여 젤라또를 만들 것이라면 그에 맞게 재료들을 유기농 제품으로 선택해야 할 것이고, 이탈리아에서 요즘 유행하는 비건 젤라또를 콘셉트로 잡았다면 우유 대신 두유나 코코넛우유를 사용하여 젤라또를 만들어야 한다.

여기서 중요한 것은 젤라떼리아가 어떤 콘셉트를 가지더라도 완성된 젤라또의 맛과 품질을 높이기 위해서는 신선하고 품질 좋은 재료를 선택해야 하며, 그러기 위해 좋은 공급업체를 선택해야 한다. 특히나 콘, 파우더, 페이스트, 농축액 등 반가공 제품을 사용할 때는 공급업체의 위생관리가 잘 되는지, 제품마다 데이터베이스가 잘 구축되어 있고 생산구조가 탄탄한 전문적인 업체인지를 잘 확인해야 한다.

공급업체에서 좋은 재료를 공급받았다면, 이제는 젤라떼리아에서의 재료관리가 중요하다. 공급받은 재료들을 항상 위생적인 곳에 보관해야 하고 제품마다의 보관온도를 유의하여 그에 맞는 온도에 보관해야 한다. 우유나 생크림 등 신선도를 요하는 제품들은 유통기한을 항시 주의해야 한다.

베이스 레시피 작업Formulazione Ricettebase

재료를 선택했다면, 이제 이 재료들의 다양한 성분이 서로 조화되어 하나의 완제품으로 만들어지는 것이 젤라또이다. 각 성분마다 너무나도 다른 특성들을 지니고 있는데, 어떻게 서로가 섞여 균형이 잘 잡힌 하나의 완제품으로 만들어질까?

두 번째 장에서 재료에 대한 이야기를 했는데, 각각의 재료 성분에 대한 특성을 잘 파악하고 이해했다면 자신이 만들고자 하는 젤라또에 필요한 설탕의 양, 지방의 양 등을 계산하여 레시피가 만들어지고 그것을 통해 맛있고 균형 잡힌 젤라또를 만들 수 있다. 정해진 레시피의 수치는 없다. 하지만 올바른 젤라또에 대한 기준점은 있는 것이다.

이탈리아의 유명한 젤라또 전문가 루카 카비젤Luca Cavizel에 의하면,

총 고형분은 32~42%, 당분은 16% 이상, 지방은 5~10% 사이로 계산해서 레시피를 만들면 젤라또의 형태, 질감, 식감 등 균형이 잘 잡힌 젤라또를 만들 수 있다고 했다. 많은 젤라띠에레들이 젤라또는 수학이며 음악이라 한다. 같은 곡을 연주해도 지휘자나 연주자에 따라 음악이 조금씩 다르게 들리듯, 젤라또 역시 젤라띠에레마다 위 기준점에서 만들고자 하는 맛에 따라 수치를 계산하여 정확하게 무게를 계량한 후 자신만의 기량으로 고유의 젤라또를 만들어 낼 수가 있다.

살균Pastorizzazione

레시피 작업이 완료되었다면, 재료를 믹싱하여 바로 베치프리저 Mantecatore에 넣고 젤라또 제조를 하면 될까?

불가능한 이야기는 아니지만, 앞에서부터 계속 말해오던 균형 잡힌 올바른 젤라또를 만들려면 반드시 거쳐야 할 작업이 있다. 바로 '살균작업'이다. 베이스 살균은 젤라또를 만드는 과정 중 가장 신경을 써야 하는 작업으로, 살균하는 과정을 통해 각각의 파우더 성분들을 뭉치지 않게 잘 용해시키고 성질이 서로 다른 성분들을 잘 융합시키며 지방을 균질화 하는 역할을 한다.

위생적인 측면에서는 작업과정 중에 생겨날 수 있는 인체에 유해한 미생물과 박테리아를 한 번 더 감소시키는 역할을 한다. 베이스 살균에는 세 가지의 살균온도가 있는데, 효과를 극대화시키기 위해서는 젤라띠에레가 만들고자 하는 젤라또베이스에 맞게 살균온도를 선택하여 진행해야 한다.

고온살균Alta Pastorizzazione

젤라떼리아에서 가장 많이 사용되는 화이트베이스Base Bianca를 위한 살균이다. 살균기에 우유를 먼저 넣고 40℃로 온도가 오르면, 분말류(당, 탈지분유, 안정제)를 넣은 후 45℃에 생크림을 넣는다. 그리고 85℃까지 가열시킨 후 그 온도를 급속으로 4℃까지 온도를 낮춰 냉각한다.

저온살균Bassa Pastorizzazione

난황이 들어가는 옐로우베이스Base Gialla / Base Crema를 위한 살균이다. 살균기에 우유와 난황을 먼저 넣고 40℃로 온도가 오르면 분말류(당, 탈지분유, 안정제)를 넣어 65℃까지 가열시킨 후, 그 온도를 유지하며 30분 동안 휴지기를 가지고 급속으로 4℃까지 온도를 낮춰 냉각한다.

초고온살균Super Alta Pastorizzazione

초콜릿이 들어가는 다크베이스Base Nera / Base Cioccolata를 위한 살균이다. 살균기에 우유를 먼저 넣고 40℃로 온도가 오르면 분말류(당, 탈지분유, 안정제, 카카오분말)를 넣은 후 45℃에 생크림을 넣는다. 그리고 90℃까지 가열시킨 후 85℃로 온도가 내려갈 때 초콜릿을 넣고 급속으로 4℃까지 온도를 낮춰 냉각한다. 살균과정 처음부터 초콜릿을 넣지 않고 85℃로 온도가 내려갈 때 넣는 이유는 초콜릿의 풍부한 향과 맛을 유지하기 위함이다.

젤라띠에레가 만들고자 하는 베이스에 따라 살균온도가 다르지만, 공통적으로 분말류는 덩어리가 생기고 뭉침을 방지하기 위해 서로 잘 섞어 40℃의 온도에 한 번에 넣는 것이 아닌 천천히 나눠서 넣고, 생크림은 45℃의 온도에 넣기를 권장한다.

숙성Maturazione

와인과 치즈 또는 우리의 식탁에 항상 올라와 있는 김치를 숙성시켜 먹어야 풍미가 더 깊어지는 것처럼, 젤라또베이스 역시 살균 후 냉각한 베이스를 4℃로 계속 유지하여 숙성시켜야 보다 더 풍미가 깊은 젤라또가 된다.

이 외에도 베이스 숙성의 장점은 베이스 안의 안정제, 단백질이 완전히 용해되며 수분과 서로 잘 융합되도록 하고 성분 간의 밀도를 더 높이며 안정제가 완전한 작용을 하도록 한다.

베이스 안의 모든 성분들이 하나로 어우러져 큰 얼음 결정체가 아닌 아주 미세한 얼음 결정체로 만들어지고 자연적인 공기의 혼합으로 젤라또를 먹었을 때 입 안에 들어오는 느낌이 너무 차갑지 않고 부드럽게 만들어준다.

숙성이 잘 되지 않은 젤라또는 쇼케이스에 진열 후 판매가 될 때 젤라또의 표면이 매끄럽지 못해 구멍이 생기거나 수분을 제대로 머금지 못하고 바깥으로 표출되며 물방울이 생기는 현상이 일어난다.

최소 2시간의 숙성기간이 필요하고 숙성 베이스의 최대 보관시간은 72시간이다. 가장 이상적인 숙성시간은 10~12시간(하룻밤)으로 이탈리아의 젤라떼리아에서는 매장 마감 후 베이스를 만들어 숙성시키고, 다음날 오전에 숙성된 베이스로 젤라또 제조를 한다. 베이스 보관시간이 72시간이 지나면 베이스의 유통기한이 지났다고 보기에, 72시간 전에 젤라또로 제조하는 것이 중요하다.

젤라띠에레들 사이에서 베이스 숙성에 대해 '해야 한다, 하지 않아도 된다' 등의 의견이 다른 경우를 볼 수 있는데, 필수라고 단정지을 수는 없지만 좋은 품질의 젤라또를 만들기 위해서는 필요한 시간이다.

맛의 특성Caratterizzazione Gusto 및 리밸런싱Ribilanciatura

살균 · 숙성과정을 거쳐 젤라또베이스가 완성되었다면, 이제는 자신의 젤라또 맛을 결정할 재료를 첨가하는 작업을 해야 한다.

1단계 재료 선택의 연장선이라 할 수 있는 이 과정에서, 젤라띠에레들의 특색과 젤라떼리아의 콘셉트를 보여줄 수 있다. 예를 들어, 같은 바닐라 맛 젤라또를 만들더라도 젤라띠에레의 선택에 따라 천연 바닐라 빈을 사용할 수도 있고, 바닐라 에센스나 바닐라 페이스트를 사용할 수도 있기 때문이다.

맛을 첨가하였다면 제조에 앞서 한 가지 더 확인해야 할 사항이 있다. 바로 맛의 첨가로 인해 무너진 지방과 당분의 균형을 자신이 잡아놓은 기준의 수치에 맞게 다시 보완하는 작업이 필요하다.

제조Mantecazione

앞의 다섯 단계 과정을 잘 거쳤다면, 액체 상태이던 베이스를 냉각을 통해 젤라또로 제조할 단계이다.

일정하게 4℃ 숙성을 거치고 맛이 첨가된 젤라또베이스를 베치프리저Mantecatore의 투입구에 넣고 기계를 작동하면, 온도가 급격히 내려가며 냉각교반이 되는 동시에 오버런이 25~40% 정도 진행된다. 소요시간은 베이스에 첨가한 맛과 양에 따라 조금 다른데, 일반적으로 젤라또 완성까지 10분 정도 소요되고, 젤라또의 완성 배출온도는 -7~-9℃로 역시 들어간 재료에 따라 달라진다. 완성된 젤라또는 미리 급냉시킨 바트Vaschette나 카라피나Carapina에 넣는다.

급냉Indurimento

제조가 끝나 배출된 젤라또는 보기에는 완성되어 쇼케이스Vetrina

나 포제띠Pozzetti에 바로 진열하면 될 것 같지만, 아직까지 미완성 상태이다. 갓 배출된 젤라또 속에는 아직까지 냉각되지 못한 수분이 55% 정도 여전히 남아있다. 이 상태의 젤라또를 바로 쇼케이스나 포제띠에 진열한다면, 아직 얼지 않은 나머지 수분들이 낮은 온도에서 천천히 얼며 자연스레 얼음 입자가 굵어져 부드러운 질감을 망가뜨리고 짧은 시간 안에 녹아 젤라또의 형태와 볼륨이 무너질 우려가 있다.

젤라또에는 치명적인 이러한 부작용들을 방지하기 위해 기계에서 배출된 젤라또는 바트나 카라피나에 담기는 즉시 온도가 -30~-40℃인 급냉고Abbattitore에 들어가, 5~10분 정도의 짧은 시간 안에 남아있는 수분을 얼리며 보호막을 형성하는 과정이 필요하다.

보관Conservazione

젤라또 보관은 일반적으로 매장 마감 후 젤라또를 진열장에서 꺼내어 -15℃의 온도에 보관하였다가, 다음날 오전에 다시 진열장에 옮기는 과정을 말한다. -18℃의 냉동고에서 보관하던 젤라또를 -12℃의 진열장에 옮겨 판매하려면, 진열장에서 6시간을 두어야 부드러운 젤라또를 판매할 수가 있다. 그래서 냉동고에 젤라또를 보관할 때는 -18℃가 아닌 진열장의 온도와 같은 온도로 설정하여 보관하는 것이 중요하다.

젤라또를 많이 생산하고 판매되는 곳에서는 한 가지 맛이 떨어질 때마다 새로 제조를 하지 않고, 예를 들어, 두 바트를 만들어 하나는 바로 판매하고, 하나는 여분으로 보관하였다가 판매하던 제품이 떨어지면 바로 보충한다.

진열 / 판매 Esposizione / Vendita

마지막 단계, 완성된 젤라또를 젤라띠에레가 원하는 형식에 맞게 진열하고 소비자에게 판매하는 단계이다. -12~-15℃로 판매되는 젤라또 진열에는 두 가지 방법이 있는데, 소비자의 눈으로 젤라또의 형태와 색감을 보고 맛을 선택할 수 있는 쇼케이스 형태와, 젤라또를 보지 못하고 메뉴명만 보고 맛을 선택할 수 있는 포제띠 형태가 있다.

이렇게만 이야기했을 때는 누구나 그럼 쇼케이스 형식이 더 좋은 진열방법이 아닐까 싶지만, 두 진열장에는 각각의 장 · 단점이 있다.

먼저, 쇼케이스는 오픈형 진열장으로 소비자가 입으로 먹지 않아도 눈으로 먼저 젤라또를 보며 맛을 상상하고 기대하며 젤라또의 맛에 대한 색감과 상태를 직접 보고 선택할 수 있는 장점이 있다. 그에 반해, 포제띠는 밀폐형 진열장으로 소비자가 눈으로 먼저 젤라또의 색감과 형태를 보고 선택할 수는 없다.

두 번째로, 쇼케이스는 눈에 보여지는 것이 중요한 만큼 바트가 항상 청결하게 정돈되어 있어야 하고, 외부공기의 접촉과 쇼케이스 온도관리에 항상 신경을 써야 한다. 예를 들어, 쇼케이스에 젤라또가 12가지 맛이 진열되어 있다면 한 가지 맛을 판매하더라도 나머지 11

가지 맛들이 외부공기와 온도에 접촉이 된다. 이렇게 쇼케이스 문을 열고 닫았다가 하는 반복되는 시간 속에서 젤라또의 품질이 조금 떨어질 수 있는 영향을 끼친다.

반면에, 포제띠는 젤라또가 맛별로 각각 보관되어 뚜껑이 덮어져 진열되기에 일정한 온도를 유지할 수 있고, 외부공기의 접촉률이 떨어져 형태가 잘 보존될 수 있다. 12가지 맛이 진열되어 있더라도 각각의 뚜껑이 덮인 카라피나에 보관되어 다른 맛을 판매할 때 외부공기와 온도의 영향을 받지 않는다.

젤라또는 냉동식품인 만큼 판매기간이 길어져도 위생적으로 문제를 일으키진 않는다. 하지만 젤라또의 기본적인 특성을 유지하며 판매하기 위해서는 쇼케이스에 진열되는 젤라또는 3일 이내에 판매를 권장하고, 포제띠는 5일 이내에 판매를 권장한다.

두 진열장 중 어느 것이 '좋다, 나쁘다'를 논할 수는 없다. 젤라떼리아의 콘셉트에 맞게 젤라띠에레가 지향하는 마케팅에 맞게 선택을 하면 되고, 쇼케이스와 포제띠는 젤라떼리아의 얼굴이라 할 만큼 중요한 부분이기에 인테리어의 요소와 위생의 기준점이 잘 융합되어 매장 내에 배치되어야 한다.

이렇게 아홉 단계의 과정이 일반적인 젤라떼리아에서 소비자에게 젤라또를 판매하기까지 매일 진행되는 흐름이다. 물론 위의 단계대로 제조 · 판매를 하는 것만은 아니지만, 이탈리아에서 말하는 '수제 젤라또Gelato Artigianale'라 함은 젤라떼리아 내에서 위의 과정을 거친 젤라또를 말한다.

GELATO & Gelatiere

젤라또 레시피

좋은 레시피란, 만들었을 때 맛있는 레시피가 답이기도 하지만, 젤라또에서는 맛만큼 중요한 성분의 균형이 제대로 잡힌 레시피를 말한다. 젤라또 레시피 작업은 완성된 맛뿐만이 아니라 판매온도에도 영향을 끼치는 만큼 상당히 중요한 역할을 차지한다.

젤라또는 원료업체의 프리믹스를 사용하여 만드는 젤라또, 베이스50을 사용하는 젤라또, 천연안정제를 사용하는 젤라또, 이렇게 기본적으로 세 가지 방법으로 만들어진다. 세 가지 방법론 중 어떠한 것이 '좋다, 나쁘다'를 판단할 수는 없다. 예를 들어, 프리믹스는 고유의 레시피를 작성하는 기술이 없거나 카페 또는 디저트숍에서 메인이 아닌 서브메뉴로 젤라또를 만들고자 할 때 사용하면 편리함을 줄 것이고, 고유의 레시피를 작성할 수 있으며 젤라또에 대한 전문적인 지식을 가지고 있다면 천연안정제를 사용하여 젤라또를 만들 것이다. 두 가지 방법의 중간방법이 베이스50을 사용하여 젤라또를 만드는 것이라 볼 수 있다.

이와 같이 자신이 만들고자 하는 것이 전문성을 가지는 젤라또인지 서브메뉴에 들어가는지 등 각자가 원하는 콘셉트에 맞게 선택하여 레시피를 작성하면 된다.

성분 조성 Composizione Ingredienti

유제품 Prodotti del Latte	당 Zuccheri	지방 Grassi	무지유고형분 SML	기타고형분 Altri Solidi	토탈고형분 Total Solidi	수분 Acqua
일반우유 Latte Intero	–	3,5%	9%	–	12,5%	87,5%
저지방우유 Latte Parzialmente Scremato	–	1,8%	9%	–	10,8%	89,2%
무지방우유 Latte Scremato	–	0,2%	9%	–	9,2%	90,8%
생크림(35% 지방) Panna(35% grasso)	–	35%	5,8%	–	40,8%	59,2%
생크림(38% 지방) Panna(38% Grasso)	–	38%	5,6%	–	43,6%	56,4%
탈지분유 Latte Magro in Polvere	–	1%	95%	–	96%	4%
버터 Burro	–	84%	–	–	84%	16%
가당연유 Latte Concentrato Zuccherato	43%	9%	24%	–	76%	24%
무가당연유 Latte Evaporato	–	8%	18%	–	26%	74%
요거트 Yogurt Intero	–	4%	9,5%	–	13,5%	86,5%
설탕 Zucchero Saccarosio	100%	–	–	–	100%	–
포도당 Destrosio	92%	–	–	–	92%	8%
글루코스시럽 분말 Sciroppo di Glucosio Disidratato	96%	–	–	–	96%	4%
전화당 Zucchero Invertito	75%	–	–	–	75%	25%

유제품 Prodotti del Latte	당 Zuccheri	지방 Grassi	무지유고형분 SML	기타고형분 Altri Solidi	토탈고형분 Total Solidi	수분 Acqua
꿀 Miele	80%	–	–	–	80%	20%
달걀 Uovo Intero Fresco	–	14%	–	11%	25%	75%
난황 Tuorlo d'uovo Fresco	–	30%	–	18%	48%	52%
난백 Albume d'uovo	–	–	–	15%	15%	85%
카카오분말 22~24% Cacao 22~24%	–	23%	–	72%	95%	5%
초콜릿 70% Cioccolato Fondente 70%	30%	40%	–	30%	100%	–
헤이즐넛 페이스트 Pasta di Nocciola	–	65%	–	35%	100%	–
피스타치오 페이스트 Pasta di Pistacchio	–	55%	–	45%	100%	–
Base50 크림 Base50cc	40%	–	40%	14%	94%	6%
Base50 과일 Base50ff	80%	–	–	14%	94%	6%
안정제 Stabilizzante	–	–	–	100%	100%	–
바나나 Banana	14%	–	–	9%	23%	77%
수박 Anguria	6%	–	–	5%	11%	89%
사과 Mela	8%	–	–	6%	14%	86%
파인애플 Ananas	12%	–	–	9%	21%	79%
오렌지 Arancia	8%	–	–	8%	16%	84%
자몽 Pompelmo	8%	–	–	6%	14%	86%
키위 Kiwi	7%	–	–	3%	10%	90%
망고 Mango	13%	–	–	8%	21%	79%

유제품 Prodotti del Latte	당 Zuccheri	지방 Grassi	무지유고형분 SML	기타고형분 Altri Solidi	토탈고형분 Total Solidi	수분 Acqua
복숭아 Pesca	9%	–	–	9%	18%	82%
포도 Uva	20%	–	–	5%	25%	75%
딸기 Fragola	8%	–	–	7%	15%	85%
레몬 Limone	5%	–	–	8%	13%	87%

젤라또를 만들고 레시피를 작성하기 위해서는 위와 같이 사용하는 재료의 성분 구성이 어떻게 이루어져 있는지 파악하는 것이 상당히 중요하다. 젤라또의 레시피 작성은 성분 구성을 이해하는 것에서부터 시작되기 때문이다. 자신이 만들고자 하는 젤라또의 재료 성분을 모르고 만들었을 때는 당연하겠지만, 결과물이 좋지 않고 오늘은 괜찮게 만들어진 레시피가 다른 날에 만들었을 때는 처음과는 다른 결과물을 가져올 수가 있다.

왜냐하면, 지역과 계절마다 우유나 생크림의 수치가 다르고, 특히나 기후의 영향을 많이 받는 과일의 경우 당도의 차이가 있으므로 당도계를 사용하여 그날 자신이 사용할 과일의 당도를 하나하나 측정해야 한다.

이처럼 정확한 레시피를 작성하고 균형 잡힌 맛있는 젤라또를 만들려면, 사용하는 제품의 성분표를 꼼꼼히 확인하고 젤라또에 사용하는 재료성분에 대해 젤리띠에레가 충분히 숙지하고 이해해야 한다. (*위 성분표의 수치는 참고용이다.)

원료업체

젤라또의 나라 이탈리아에는 많은 원료업체들이 있다. 그 중에 우리나라에 수입과 유통사가 있는 대표적인 업체들을 살펴보자.

페르니고띠Pernigotti

1860년 이탈리아 피에몬테주 노비 리구레Novi Ligure의 중심에 설립된 페르니고띠는 160년 전통의 초콜릿 회사로, 초콜릿 제품에 상당한 자부심을 가지고 여러 인증을 통해 우수한 품질의 재료를 사용하여 젤라또 원료를 제조하고 있다.

초콜릿 원료(카카오, 커버춰, 바리에가또) 외에도 견과류(피스타치오, 헤이즐넛, 잔두야) 페이스트 라인에 강하며, 꾸준한 연구개발로 균형 잡힌 식감과 풍미를 지닌 젤라또 소프트 프리믹스는 사용하기에도 간편하며 풍부한 이탈리아 현지의 맛을 보여준다.

The best ingredients for your gelato

INNOVATION & QUALITY: the only company with a certified supply chain for **I.G.P. HAZELNUT & BRONTE PISTACHIO.**

밥비Babbi

전통과 미식문화가 풍부한 이탈리아 에밀리아 로마나Emilia Romagna의 중심부에 위치한 밥비Babbi는 1952년 제2차 세계대전이 끝난 직후 아띨리오 밥비Attilio Babbi가 가족들과 같이 젤라또콘 과자생산으로 시작하여 1955년부터 젤라또 원료를 제조하였다. 국제품질관리인증마크 UNI EN ISO 9001 : 2008을 받은 만큼 밥비의 제품들은 품질이 상당히 높고, 특히나 초콜릿과 견과류 페이스트에 강하며 60년 가까이 변하지 않은 콘과자 배합 레시피와 겨울시즌에만 맛볼 수 있는 고급 와퍼(초코 코팅 웨하스 과자)로 마니아들에게 사랑받고 있다. 특히 직원들 평균 근속기간 30년이라는 수치가 밥비Babbi의 오랜 전통과 자부심을 전적으로 보여준다.

BABBI
PICCOLI PIACERI QUOTIDIANI
1952
www.babbi.it
#ilovebabbi

맥쓰리Mec3

매년 이탈리아에서 가장 큰 디저트박람회 SIGEP이 열리는 리미니Rimini에 위치한 맥쓰리Mec3는, 1984년 설립되어 현재까지 창의적인 제품들을 선보이며 유럽에서 성장이 가장 활발한 기업 중 하나로 새로운 제품에 대한 끊임없는 연구와 개발을 하고 있다. 맥쓰리의 제품 중 가장 인기 있는 제품 쿠키스Cookies와 퀠라Quella는 맥쓰리만의 창의성이 무엇인지 보여주고, 젤라떼리아에서 사용하는 원료뿐만 아니라 카페나 디저트숍에서 사용할 수 있는 원료들까지 다양함을 갖추고 있다.

MEC3
The Genuine Company

파브리Fabbri

파브리Fabbri는 이탈리아 볼로냐에서 젠나로 파브리Gennaro Fabbri와 그의 아내에 의해 1905년에 설립되었으며, 파브리의 시그니처 제품인 아마레나 체리 당절임으로 시작하여 다양한 젤라또 원료 및 음료용 시럽과 소스 등을 생산하고 있다. 현재는 4대와 5대째의 후손들이 함께 파브리를 운영하고 있는데, 이는 곧 가문의 이름을 걸고 변함없는 '전통'과 독보적인 '품질'을 반드시 지켜가겠다는 의지이다.

파브리는 할랄, 코셔, BRC인증 등 여러 글로벌 인증들을 획득하였으며, 파브리가 가진 긴 역사에 걸맞은 다양한 제품을 보유하고 있기에 젤라또 숍뿐만 아니라 디저트 카페 등에도 적합한 브랜드이다.

FABBRI
1905
G. FABBRI
FABBRI

시판 중인 젤라또베이스 소개

젤라또와 소르베또를 보다 쉽고 안정되게 만드는 방법으로는, 시판 중인 젤라또와 소르베또베이스를 사용하는 방법이 있다. 시판 베이스를 사용하는 것은 어느 국가에서든 일반적이며, 책에서 설명한 유화제, 안정제, 증점제 등을 개별적으로 구입하는 것이 어렵고 용도에 맞지 않게 잘못 구입할 수 있기 때문이다.

베이스는 정량별로 구매할 수 있는데, 화이트베이스를 만들기 위한 베이스의 정량을 설명하면 아래의 그림과 같이 다양한 정량의 베이스가 있는 것을 알 수가 있다.

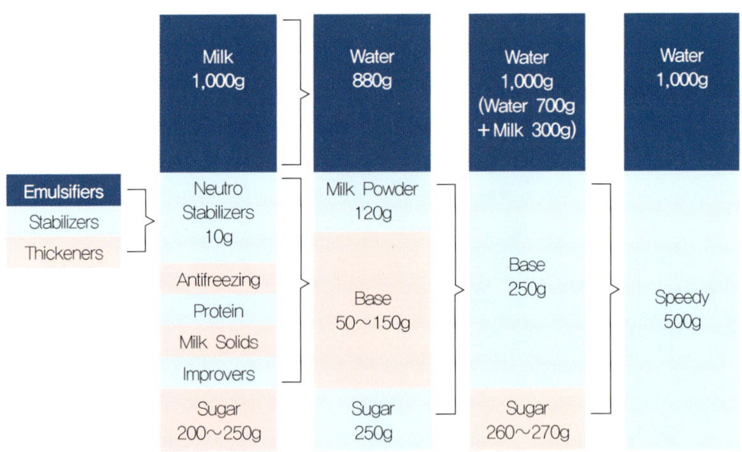

Speedy 500g은 말 그대로 우유 고형성분이 모두 들어있어서 일정량의 물에 넣어 믹싱만 하면 화이트베이스가 되는 완전한 믹스인 셈이다. 신선한 우유와 설탕 등 원료를 원활하게 공급받지 못하는 곳에서 사용하는 베이스라 할 수 있다.

주요 베이스 공급사와 대표 제품을 살펴보면 다음과 같다.

제조원(이탈리아)	화이트베이스	소르베또베이스	수입 & 유통사
Pernigotti S.P.A.	Base Nuvolatte 50/100	Base Fruit 50F	㈜빅패밀리
Mec3	Base 50MB	Supergelmix	㈜에프엔지코리아
Babbi	BASE BABBI 50 C/F	BASE FRUTTA TOP 50	㈜오가그레인
Fabbri	Nevepaan 50F	Nevefrutta	㈜지이피트레이딩

베이스 만들기

베이스50

베이스50은 증점제, 유화제, 당이 들어있는 안정제의 종류로 베이스50 크림Base50cc과 베이스50 과일Base50ff로 나뉜다. 베이스50 크림의 주요성분은 당과 탈지분유, 뜨거운 온도에서 반응하는 증점제와 유화제가 들어있고 살균을 해야 하는 우유를 베이스로 한 젤라또를 만들 때 사용하는 것이다. 베이스50 크림 구매 시 주의해야 할 점은 동·식물성 지방성분이 없어야 하고 무향이어야 한다. 베이스50 과일의 주요성분은 당과 산미제, 차가운 온도에서 반응하는 증점제와 유화제가 들어있고 물을 베이스로 한 소르베또를 만들 때 사용한다. 베이스50 과일 구매 시 주의해야 할 점은 유제품 성분이 없어야 하고 베이스50 크림처럼 동·식물성 지방성분이 없어야 하고 무향이어야 한다.

- Base50cc : 크레메 아 깔도Creme a Caldo
- Base50ff : 프루떼 아 프렌도Frutte a Freddo

다음은 베이스50 크림을 사용한 우유 1리터 기준 레시피 계산법이다.

화이트베이스(Base Bianca)	g	%	옐로우베이스(Base Gialla)	g	%	다크베이스(Base Nera)	g	%
우유	1030	66,3	우유	1030	62,5	우유	1030	63,4
생크림38%	192	12,3	생크림38%	176	10,7	생크림38%	76	4,7
탈지분유	25	1,6	탈지분유	17	1,0	설탕	177	10,9
설탕	177	11,4	설탕	189	11,5	포도당	55	3,4
포도당	28	1,8	포도당	29	1,8	글루코스 시럽 분말	26	1,6
글루코스 시럽 분말	53	3,4	글루코스 시럽 분말	56	3,4	카카오 파우더 22-24%	115	7,1
Base50 크림	50	3,2	난황	100	6,1	초콜릿 70%	97	6,0
			Base50 크림	50	3,0	Base50 크림	50	3,1
합계	1555g	100%	합계	1647g	100%	합계	1626g	100%

*표(1) 우유 1리터 기준

레시피 작업을 하기 전에는 가장 먼저 아래와 같은 표를 준비한다.

제품명						날 짜 :	
재료 INGREDIENTI		무게 Quantità	당 Zuccheri	지방 Grassi	무지유고형분 SML	기타고형분 Altri solidi	총고형분 Totale solidi
합 계 Totale	g						
	%						

화이트베이스

화이트베이스는 우유를 기본으로 만들어지는 베이스로써, 어떠한 재료를 첨가해도 재료 특유의 맛을 잘 살리기에 젤라떼리아에서 가장 많이 사용되는 베이스이다. 맛에 한정적이지 않고 젤라또의 거의 모든 맛들을 화이트베이스로 만들 수 있다.

(1) 제품명과 들어가는 재료를 적는다.

1

제품명 화이트베이스(Base Bianca) 날 짜 :

재료 INGREDIENTI	무게 Quantità	당 Zuccheri	지방 Grassi	무지유고형분 SML	기타고형분 Altri solidi	총고형분 Totale solidi
우유						
생크림						
탈지분유						
설탕						
포도당						
글루코스 시럽 분말						
Base50 크림						
합 계 Totale g						
%						

(2) 표(1)을 보고 각 재료의 무게, 합계 무게를 적고, 계산 실수를 방지하기 위해 미리 재료의 성분값을 적어준다.

우유

- 지방(3.5), 무지유고형분(9)

생크림

- 지방(38), 무지유고형분(5.6)

2

제품명 화이트베이스(Base Bianca) 날 짜 :

재료 INGREDIENTI		무게 Quantità	당 Zuccheri	지방 Grassi	무지유고형분 SML	기타고형분 Altri solidi	총고형분 Totale solidi
우유		1030	-	(3,5)	(9)	-	
생크림		192	-	(38)	(5,6)	-	
탈지분유		25	-	(1)	(95)	-	
설탕		177	(100)	-	-	-	
포도당		28	(92)	-	-	-	
글루코스 시럽 분말		53	(96)	-	-	-	
Base50 크림		50	(40)	-	(40)	(14)	
합 계 Totale	g	1555					
	%						

(3) 우유는 3.5%의 지방과 9%의 무지유고형분을 함유하고 있다.

- 우유의 무게 1,030g × 우유의 지방 3.5% = 36g
- 우유의 무게 1,030g × 우유의 무지유고형분 9% = 93g

- 위 화이트베이스 기준으로 우유 1,030g에는 36g의 지방이 들어있고 93g의 무지유고형분이 있다.
- 두 값을 더한 것이 총고형분의 값이다.

- 지방 36g + 무지유고형분 93g = 129g
- 즉 1,030g의 우유 안에 들어있는 총고형분의 값이 129g이다.

3

제품명 화이트베이스(Base Bianca) 날 짜 :

재료 INGREDIENTI		무게 Quantità	당 Zuccheri	지방 Grassi	무지유고형분 SML	기타고형분 Altri solidi	총고형분 Totale solidi
우유		1030	-	36 (3,5)	93 (9)	-	129
생크림		192	-	(38)	(5,6)	-	
탈지분유		25	-	(1)	(95)	-	
설탕		177	(100)	-	-	-	
포도당		28	(92)	-	-	-	
글루코스 시럽 분말		53	(96)	-	-	-	
Base50 크림		50	(40)	-	(40)	(14)	
합 계 Totale	g	1555					
	%						

(4) 생크림과 탈지분유 역시 같은 방법으로 값을 구해준다.

생크림

- 생크림의 무게 192g × 생크림의 지방 38% = 73g
- 생크림의 무게 192g × 생크림의 무지유고형분 5.6% = 11g
- 총고형분은 지방 73g + 무지유고형분 11g = 84g

탈지분유

- 탈지분유 무게 25g × 탈지분유의 지방 1% = 0.3g
- 탈지분유 무게 25g × 탈지분유의 무지유고형분 95% = 24g
- 총고형분은 지방 0.3g + 무지유고형분 24g = 24.3g

4

제품명 화이트베이스(Base Bianca) 날 짜 :

재료 INGREDIENTI		무게 Quantità	당 Zuccheri	지방 Grassi	무지유고형분 SML	기타고형분 Altri solidi	총고형분 Totale solidi
우유		1030	-	36 (3,5)	93 (9)	-	129
생크림		192	-	73 (38)	11 (5,6)	-	84
탈지분유		25	-	0,3 (1)	24 (95)	-	24,3
설탕		177	(100)	-	-	-	
포도당		28	(92)	-	-	-	
글루코스 시럽 분말		53	(96)	-	-	-	
Base50 크림		50	(40)	-	(40)	(14)	
합 계 Totale	g	1555					
	%						

(5) 설탕은 수분이 포함되어 있지 않고 100% 당으로만 이루어져 있어, 들어가는 설탕의 무게 177g 그대로 당 값 라인에 적어준다. 당연히 설탕에는 지방이나 무지유고형분, 기타고형분이 포함되어 있지 않으니 총고형분 역시 177g이다.

5

제품명 화이트베이스(Base Bianca) 날 짜 :

재료 INGREDIENTI		무게 Quantità	당 Zuccheri	지방 Grassi	무지유고형분 SML	기타고형분 Altri solidi	총고형분 Totale solidi
우유		1030	-	36 (3,5)	93 (9)	-	129
생크림		192	-	73 (38)	11 (5,6)	-	84
탈지분유		25	-	0,3 (1)	24 (95)	-	24,3
설탕		177	177 (100)	-	-	-	177
포도당		28	(92)	-	-	-	
글루코스 시럽 분말		53	(96)	-	-	-	
Base50 크림		50	(40)	-	(40)	(14)	
합 계 Totale	g	1555					
	%						

(6) 반면에, 포도당과 글루코스시럽 분말은 수분을 포함하고 있기에 수분을 뺀 값으로 계산해 준다.

포도당(당 92%, 수분 8%)

- 포도당의 무게 28g × 포도당의 당 92% = 26g
- 총고형분은 26g이다.

글루코스시럽 분말(당 96%, 수분 4%)

- 글루코스시럽 분말의 무게 53g × 글루코스시럽 분말의 당 96% = 51g
- 총고형분은 51g이다.

6

제품명 화이트베이스(Base Bianca) 날 짜 :

재료 INGREDIENTI		무게 Quantità	당 Zuccheri	지방 Grassi	무지유고형분 SML	기타고형분 Altri solidi	총고형분 Totale solidi
우유		1030	-	36 (3,5)	93 (9)	-	129
생크림		192	-	73 (38)	11 (5,6)	-	84
탈지분유		25	-	0,3 (1)	24 (95)	-	24,3
설탕		177	177 (100)	-	-	-	177
포도당		28	26 (92)	-	-	-	26
글루코스 시럽 분말		53	51 (96)	-	-	-	51
Base50 크림		50	(40)	-	(40)	(14)	
합 계 Totale	g	1555					
	%						

(7) 안정제의 역할로 들어가는 베이스50 크림은 당 40%, 무지유고형분 40%, 기타고형분 7%가 들어가 있다.

- 베이스50 크림의 무게 50g × 베이스50 크림의 당 40% = 20g
- 베이스50 크림의 무게 50g × 베이스50 크림의 무지유고형분 40% = 20g
- 베이스50 크림의 무게 50g × 베이스50 크림의 기타고형분 14% = 7g
- 총고형분은 당 20g + 무지유고형분 20g + 기타고형분 = 47g

7

제품명 화이트베이스(Base Bianca) 날 짜 :

재료 INGREDIENTI	무게 Quantità	당 Zuccheri	지방 Grassi	무지유고형분 SML	기타고형분 Altri solidi	총고형분 Totale solidi
우유	1030	-	36 (3,5)	93 (9)	-	129
생크림	192	-	73 (38)	11 (5,6)	-	84
탈지분유	25	-	0,3 (1)	24 (95)	-	24,3
설탕	177	177 (100)	-	-	-	177
포도당	28	26 (92)	-	-	-	26
글루코스 시럽 분말	53	51 (96)	-	-	-	51
Base50 크림	50	20 (40)	-	20 (40)	7 (14)	47
합 계 Totale g	1555					
%						

(8) 재료의 모든 성분값을 구했다면 마지막으로 총량을 구해준다.

당

- 설탕 177g + 포도당 26g + 글루코스시럽 분말 51g + 베이스50 크림 20g = 274g
  274 ÷ 1,555 × 100 = 17.6%
- 화이트베이스 1,555g 기준에 포함되어 있는 당의 총량은 274g이고, 비율은 17.6% 차지한다.

지방

- 우유 36g + 생크림 73g + 탈지분유 0.3g = 109.3g
  109.3 ÷ 1,555 × 100 = 7%
- 화이트베이스 1,555g 기준에 포함되어 있는 지방의 총량은 109.3g이고, 비율은 7% 차지한다.

무지유고형분

- 우유 93g + 생크림 11g + 탈지분유 24g + 베이스50 크림 20g = 148g
- 148 ÷ 1,555 × 100 = 9.5%
- 화이트베이스 1,555g 기준에 포함되어 있는 무지유고형분의 총량은 148g이고, 비율은 9.5% 차지한다.

기타고형분

- 베이스50 크림 7g
- 7 ÷ 1,555 × 100 = 0.5%
- 화이트베이스 1,555g 기준에 포함되어 있는 기타고형분의 총량은 7g이고, 비율은 0.5% 차지한다.

총고형분

- 우유 129g + 생크림 84g + 탈지분유 24.3g + 설탕 177g + 포도당 26g + 글루코스시럽 분말 51g + 베이스50 크림 47g = 538.3g
  538.3 ÷ 1,555 × 100 = 34.6%
- 화이트베이스 1,555g 기준에 포함되어 있는 총고형분의 총량은 538.3이고, 비율은 34.6% 차지한다.

그렇다면 총고형분을 제외한 나머지가 바로 수분이 차지한다.
수분은 100% − 34.6% = 65.4%이다.

8

제품명 화이트베이스(Base Bianca) 날 짜 :

재료 INGREDIENTI	무게 Quantità	당 Zuccheri	지방 Grassi	무지유고형분 SML	기타고형분 Altri solidi	총고형분 Totale solidi
우유	1030	-	36 (3.5)	93 (9)	-	129
생크림	192	-	73 (38)	11 (5.6)	-	84
탈지분유	25	-	0.3 (1)	24 (95)	-	24.3
설탕	177	177 (100)	-	-	-	177
포도당	28	26 (92)	-	-	-	26
글루코스 시럽 분말	53	51 (96)	-	-	-	51
Base50 크림	50	20 (40)	-	20 (40)	7 (14)	47
합 계 Totale g	1555	274	109.3	148	7	538.3
합 계 Totale %		17.6	7	9.5	0.5	34.6

제3장 젤라또 제조 9단계에서 정해진 레시피의 수치는 없지만, 올바른 젤라또에 대한 기준점은 있다고 하였다.

	당	지 방	무지유고형분	기타고형분	총고형분
베이스	14~19%	3~7%	7~12%	0.2~0.5%	32~36%
젤라또	14~26%	3~16%	7~12%	0.5%↗	32~46%

*표(2) Carpigiani Gelato University 기준

위 표를 기준으로 우리가 계산해 본 화이트베이스를 비교해 본다면, 모두 기준수치에서 벗어나지 않는 것을 볼 수 있다.

당	지 방	무지유고형분	기타고형분	총고형분
17.6%	7%	9.5%	0.5%	34.6%

같은 방법으로 옐로우베이스와 다크베이스를 표(1) 우유 1리터 기준을 참고하여 계산하여 보자.

옐로우베이스

옐로우베이스는 난황이 들어가는 베이스로써 한국인의 입맛에는 조금 맞지 않지만, 이탈리아에서는 많이 사용되는 베이스이다. 옐로우베이스로 만들어지는 대표적인 맛으로는 바닐라Vaniglia, 티라미수Tiramisú, 주빠잉글레제Zuppa inglese 등이 있다. 어떠한 경우에는 화이트베이스와 섞어서 맛을 만들어내기도 한다.

제품명 옐로우베이스(Base Gialla) 날 짜 :

재료 INGREDIENTI	무게 Quantità	당 Zuccheri	지방 Grassi	무지유고형분 SML	기타고형분 Altri solidi	총고형분 Totale solidi
우유		-	(3,5)	(9)	-	
생크림		-	(38)	(5,6)	-	
탈지분유		-	(1)	(95)	-	
설탕		(100)	-	-	-	
포도당		(92)	-	-	-	
글루코스 시럽 분말		(96)	-	-	-	
난황		-	(30)	-	(18)	
Base50 크림		(40)	-	(40)	(14)	
합 계 g						
Totale %						

다크베이스

다크베이스는 초콜릿이 들어가는 베이스로써 화이트베이스와 옐로우베이스와는 다르게 이미 완성된 젤라또의 맛이라고 볼 수도 있다. 베이스라 표현하지만, 계산을 해보면 마지막 합계비율이 표(2)의 베이스 기준 수치보다 젤라또 기준 수치에 더 가까운 것을 볼 수 있다. 대표적인 맛으로는 헤이즐넛 페이스트가 들어가는 잔두야Gianduia가 있다.

제품명 다크베이스(Base Nera) 날 짜 :

재료 INGREDIENTI	무게 Quantità	당 Zuccheri	지방 Grassi	무지유고형분 SML	기타고형분 Altri solidi	총고형분 Totale solidi
우유		-	(3,5)	(9)	-	
생크림		-	(38)	(5,6)	-	
설탕		(100)	-	-	-	
포도당		(92)	-	-	-	
글루코스 시럽 분말		(96)	-	-	-	
카카오 분말 22-24%		-	(23)	-	(72)	
초콜릿 70%		(30)	(40)	-	(30)	
Base50 크림		(40)	-	(40)	(14)	
합 계 Totale g						
%						

지금 계산한 베이스들은 하나의 예시이기에 누구에게는 좋은 베이스가 될 수 있고, 누구에게는 잘 맞지 않는 베이스가 될 수도 있다. 그렇기에 끊임없이 기준점 내에서 수치를 바꾸어 계산을 해보고, 젤라또를 만들어가며 자신에게 알맞은 레시피를 찾아내야 한다.

레시피 작업이 끝났다면, 어떻게 베이스 살균을 하는지 그 과정을 살펴보자.

화이트베이스 고온(85℃) 살균법Carpigiani Pastomaster 60 기준

1 우유와 생크림을 각각 계량한다.
2 믹싱볼에 모든 분말을(설탕, 포도당, 글루코스시럽 분말, 탈지분유, 안정제) 계량 후 부드럽게 잘 섞어준다.
3 살균기에 우유를 넣는다.
4 젤라또 모양 버튼을 누른 후 고온살균을 선택한다.
5 온도가 40℃가 되면 알람이 울리며 설탕과 안정제를 넣으라는 문구가 뜨는데, 이 때 2의 섞어둔 분말을 천천히 넣어준다.
6 45℃에 한 번 더 알람이 울리며 생크림을 넣으라는 문구가 뜨면 생크림을 넣어준다.
7 85℃에 다다르면 자동으로 4℃로 내려오고 숙성이 시작된다.

1
2
3
4
5
Pastomaster
HIGH PASTEURIZ.
Sugar+Stabiliz OK?
Heating
+45°C +40°C
Teorema Ready
6
Pastomaster
HIGH PASTEURIZ.
Cream OK?
Heating
+85°C +45°C
Teorema Ready
CARPIGIANI Pastomaster 60 RTL
HIGH PASTEURIZ.
OK High Pasteur.
Ageing
+04 00:04:56 +04
Teorema Ready
7

옐로우베이스 저온(65℃) 살균법Carpigiani Pastomaster 60 기준

1 우유와 생크림, 난황을 각각 계량한다.

2 믹싱볼에 모든 분말을(설탕, 포도당, 글루코스시럽 분말, 탈지분유, 안정제) 계량 후 부드럽게 잘 섞어준다.

3 살균기에 우유와 난황을 넣고 스타트 버튼을 누른다.

4 온도가 40℃가 되면 알람이 울리고, 2의 섞어 둔 분말을 천천히 넣어준다.

5 45℃에 한 번 더 알람이 울리면 생크림을 넣어준다.

6 65℃에 다다르면 자동으로 30분간 휴지기를 가진 뒤 4℃로 내려오고 숙성이 시작된다.

다크베이스 초고온(90℃) 살균법Carpigiani Pastomaster 60 기준

1 우유와 생크림, 초콜릿을 각각 계량한다.

2 믹싱볼에 모든 분말을(설탕, 포도당, 글루코스시럽 분말, 카카오 분말, 안정제) 계량 후 부드럽게 잘 섞어준다.

3 살균기에 우유를 넣고 스타트 버튼을 누른다.

4 온도가 40℃가 되면 알람이 울리고, 2의 섞어 둔 분말을 천천히 넣어준다.

5 45℃에 한 번 더 알람이 울리면 생크림을 넣어준다.

6 90℃에 다다른 뒤, 온도가 내려갈 때 85℃가 지나면 초콜릿을 넣어준다(이때 초콜릿 크기가 너무 크면 잘 녹지 않고 살균기 바닥에 가라앉으니, 작게 부순 초콜릿을 넣어준다).

7 4℃로 온도가 내려오면 숙성이 시작된다.

옐로우베이스와 다크베이스의 경우에는 우리나라에서 많이 사용되는 베이스가 아니기에, 살균기로 많은 양을 만들기보다 살균기능이 있는 베치프리저를 사용하여 한 바트 정도의 양만 살균한 후 젤라또로 제조를 하거나, 옐로우소스나 다크소스를 만들어 화이트베이스에 섞어 사용하는 법을 권장한다.

베치프리저를 이용한 다크베이스 살균법Carpigiani Maestro 기준

1. 우유와 생크림, 초콜릿을 각각 계량한다.
2. 믹싱볼에 모든 분말을(설탕, 포도당, 글루코스시럽 분말, 카카오 분말, 안정제) 계량한 후 부드럽게 잘 섞어준다.
3. 우유에 생크림과 섞어준 분말을 조금씩 넣어가며 믹싱한다.
4. 베치프리저의 젤라또 모양 버튼을 누른다.
5. 프로그램 중 Hot Age를 누르고 온도를 90℃로 설정한다.
6. 베치프리저 투입구에 분말과 믹싱한 우유를 넣어준다.
7. 90℃에 다다른 뒤 온도가 내려갈 때 85℃가 지나면 초콜릿을 넣어준다(이 때 초콜릿 크기가 너무 크면 잘 녹지 않고 살균기 바닥에 가라앉으니, 작게 부순 초콜릿을 넣어준다).
8. 4℃로 온도가 내려오면 숙성이 시작된다.

> Hot Age가 아닌 Hot을 누를 경우, 살균 후 숙성을 거치지 않고 바로 젤라또 제조로 들어가는 시스템이다.

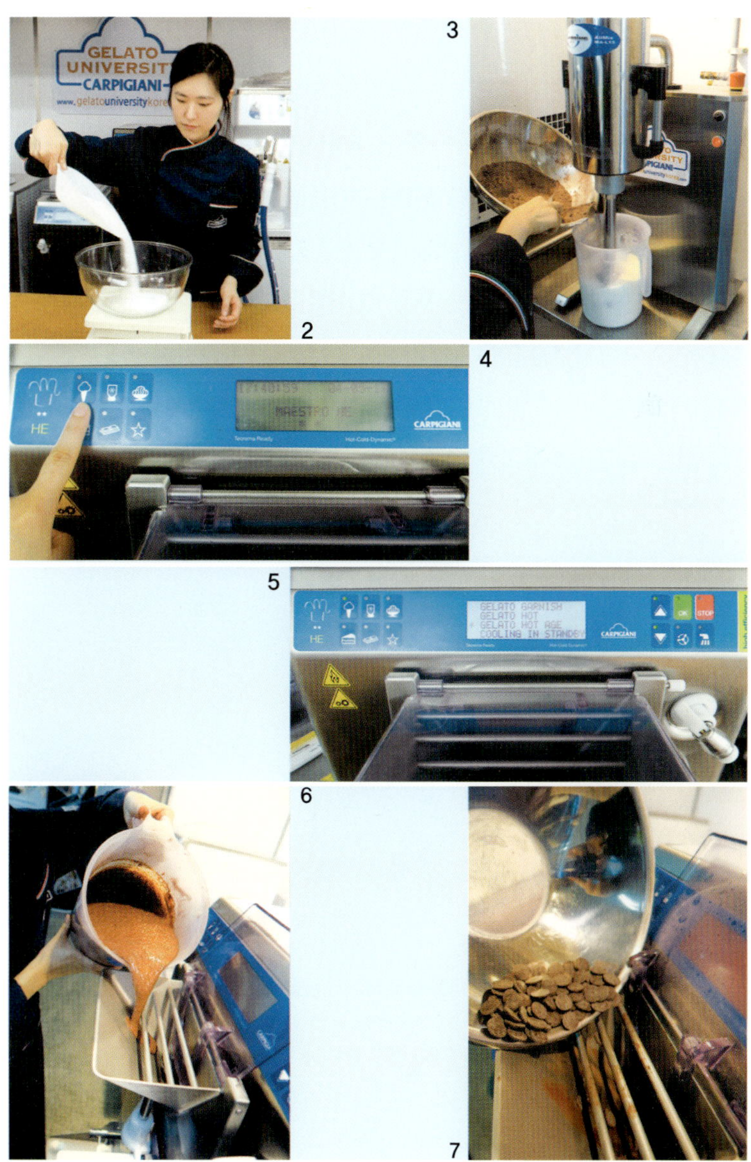
2
3
4
5
6
7
GELATO
CARPIGIANI
HE
MAESTRO HE
CARPIGIANI
GELATO GARNISH
GELATO HOT
GELATO HOT AGE
COOLING IN STANDBY
OK
STOP

천연 안정제 사용과 나만의 레시피

베이스50 크림을 사용하여 우유 1리터 기준으로 베이스 레시피를 만드는 법과는 다르게, 내가 원하는 비율을 가지고 레시피를 만들 수 있는 방법은 없을까? 원료업체에서 제공하는 레시피가 아닌, 책에서 예시로 알려주는 레시피가 아닌, 표(2)를 참고하여 내가 원하는 성분의 비율을 가지고 나만의 레시피를 만드는 법을 알아보자.

	당	지 방	무지유고형분	기타고형분	총고형분
베이스	14~19%	3~7%	7~12%	0.2~0.5%	32~36%
젤라또	14~26%	3~16%	7~12%	0.5%↗	32~46%

*표(2) Carpigiani Gelato University 기준

천연 안정제가 들어가는 화이트베이스 레시피 계산법

(1) 제품명과 들어가는 재료를 적는다.

1

제품명 화이트베이스(Base Bianca) 날 짜 :

재료 INGREDIENTI	무게 Quantità	당 Zuccheri	지방 Grassi	무지유고형분 SML	기타고형분 Altri solidi	총고형분 Totale solidi
우유						
생크림						
탈지분유						
설탕						
포도당						
글루코스 시럽 분말						
안정제						
합 계 Totale g						
%						

(2) 자신이 원하는 베이스 총합계 무게, 성분의 비율과 무게를 적는다. 개개인의 작업스타일에 따라 다른데, 일반적으로 1,000g, 10,000g, 100,000g을 기준으로 총합계를 잡아 계산한다. 성분의 비율 역시 표(2)의 기준 수치를 벗어나지 않는 선에서 수치를 정하는데, 한 번에 완벽한 비율을 찾을 수 없다. 스스로의 노력과 경험을 통해 자신에게 맞는 비율을 찾아야 한다.

2

제품명 화이트베이스(Base Bianca)　　날 짜 :

재료 INGREDIENTI		무게 Quantità	당 Zuccheri	지방 Grassi	무지유고형분 SML	기타고형분 Altri solidi	총고형분 Totale solidi
우유							
생크림							
탈지분유							
설탕							
포도당							
글루코스 시럽 분말							
안정제							
합 계 Totale	g	10,000	1750	700	950	50	3450
	%		17,5	7	9,5	0,5	34,5

(3) 가장 먼저 베이스에 들어가는 당의 비율을 어떻게 나눌지 생각한다. 일반적으로 포도당은 총 당의 값에서 10~30%의 비율을 차지하고, 글루코스시럽 분말은 최대 20%까지 비율을 차지한다. 설탕 하나만 넣지 않고 포도당과 글루코스시럽 분말을 같이 넣는 이유는, 설탕만 100% 넣으면 단맛이 너무 강해 상대적으로 감미도를 낮추며 빙점에는 영향을 끼치지 않기 위해 다른 당과 함께 넣어준다.

설 탕	포도당	글루코스시럽 분말
70%	10%	20%

*현재의 레시피는 위 표를 기준으로 당의 비율을 나누어 계산하였다.

설탕

- 당의 총무게 1,750g × 70% = 1,225g
- 설탕은 100% 당이기에 **(1)**에 1,225g을 적고, **(2)**에도 똑같이 1,225g을 적는다.
- 총고형분 역시 1,225g**(3)**이다.

포도당(당 92%, 수분 8%)

- 당의 총무게 1,750g × 10% = 175g
- **(1)**에 175g을 적고, **(2)**는 실제로 들어가야 할 포도당 양 190g을 적는다.
- 175g ÷ 92% = 190g
- 총고형분은 175g**(3)**이다.

글루코스시럽 분말(당 96%, 수분 4%)

- 당의 총무게 1,750g × 20% = 350g
- (1)에 350g을 적고, (2)는 실제로 들어가야 할 글루코스시럽 분말 양 365g 을 적는다.
- 360g ÷ 96% = 365g
- 총고형분은 350g(3)이다.

3

제품명 화이트베이스(Base Bianca) 날 짜 :

재료 INGREDIENTI		무게 Quantità	당 Zuccheri	지방 Grassi	무지유고형분 SML	기타고형분 Altri solidi	총고형분 Totale solidi
우유							
생크림							
탈지분유							
설탕		(2)1225	(1)1225	-	-	-	(3)1225
포도당		(2)190	(1)175	-	-	-	(3)175
글루코스 시럽 분말		(2)365	(1)350	-	-	-	(3)350
안정제							
합 계 Totale	g	10,000	1750	700	950	50	3450
	%		17,5	7	9,5	0,5	34,5

(4) 우유는 베이스 안에 가장 많은 비율을 차지하는데, 일반적으로 총 합계 무게에서 60~70% 정도를 차지한다. 위의 레시피는 66.45%의 비율로 계산하였다.

우유(지방 3.5%, 무지유고형분 9%)

- 우유의 무게 : 총무게 10,000g × 66.45% = 6,645g**(1)**
- 우유의 무게 6,645g × 우유의 지방 3.5% = 233g**(2)**
- 우유의 무게 6,645g × 우유의 무지유고형분 9% = 598g**(3)**
- 총고형분 : 지방 233g + 무지유고형분 598g = 831g**(4)**

4

제품명 화이트베이스(Base Bianca) 날 짜 :

재료 INGREDIENTI		무게 Quantità	당 Zuccheri	지방 Grassi	무지유고형분 SML	기타고형분 Altri solidi	총고형분 Totale solidi
우유		(1)6645	-	(2)233	(3)598	-	(4)831
생크림							
탈지분유							
설탕		(2)1225	(1)1225	-	-	-	(3)1225
포도당		(2)190	(1)175	-	-	-	(3)175
글루코스 시럽 분말		(2)365	(1)350	-	-	-	(3)350
안정제							
합 계 Totale	g	10,000	1750	700	950	50	3450
	%		17,5	7	9,5	0,5	34,5

(5) 생크림은 먼저 지방값부터 계산을 해준다.

생크림(지방 38%, 무지유고형분 5.6%)

- 생크림의 지방 = 총지방 700g – 우유의 지방 233g = 467g**(1)**
- 생크림의 지방 무게 467g ÷ 생크림의 지방 38% = 1,229g**(2)**
- 생크림의 무게 1,229g × 생크림의 무지유고형분 5.6% = 69g**(3)**
- 총고형분 : 지방 467g + 무지유고형분 69g = 536g**(4)**

5

제품명 화이트베이스(Base Bianca) 날 짜 :

재료 INGREDIENTI		무게 Quantità	당 Zuccheri	지방 Grassi	무지유고형분 SML	기타고형분 Altri solidi	총고형분 Totale solidi
우유		(1)6645	-	(2)233	(3)598	-	(4)831
생크림		(2)1229	-	(1)467	(3)69	-	(4)536
탈지분유							
설탕		(2)1225	(1)1225	-	-	-	(3)1225
포도당		(2)190	(1)175	-	-	-	(3)175
글루코스 시럽 분말		(2)365	(1)350	-	-	-	(3)350
안정제							
합 계 Totale	g	10,000	1750	700	950	50	3450
	%		17,5	7	9,5	0,5	34,5

(6) 탈지분유는 총무지고형분값에서 우유와 생크림의 무지고형분 값을 빼준다.

탈지분유(지방 1%, 무지유고형분 95%)

- 탈지분유의 무지고형분 = 총무지고형분 950g – 우유의 무지고형분 598g –지방의 무지고형분 69g = 283g(1)
- 탈지분유의 무지고형분 283g ÷ 탈지분유의 무지고형분 96% = 295g(2)

  *이 계산법에서는 지방 1%를 생략하고 무지고형분을 96%로 계산해준다.
- 총고형분은 283g(4)이다.

6

제품명 화이트베이스(Base Bianca) 날 짜 :

재료 INGREDIENTI		무게 Quantità	당 Zuccheri	지방 Grassi	무지유고형분 SML	기타고형분 Altri solidi	총고형분 Totale solidi
우유		(1)6645	-	(2)233	(3)598	-	(4)831
생크림		(2)1229	-	(1)467	(3)69	-	(4)536
탈지분유		(2)295	-	-	(1)283	-	(3)283
설탕		(2)1225	(1)1225	-	-	-	(3)1225
포도당		(2)190	(1)175	-	-	-	(3)175
글루코스 시럽 분말		(2)365	(1)350	-	-	-	(3)350
안정제							
합 계 Totale	g	10,000	1750	700	950	50	3450
	%		17,5	7	9,5	0,5	34,5

(7) 일반적으로 안정제는 총무게에서 0,5% 정도 차지한다.

안정제(기타 고형분 100%)

- 안정제의 무게 : 총무게 10,000g×0.5% = 50g(1)
- 안정제의 무게 50g × 100% = 50g(2)
- 총고형분은 50g(3)이다.

7

제품명 화이트베이스(Base Bianca) 날 짜 :

재료 INGREDIENTI	무게 Quantità	당 Zuccheri	지방 Grassi	무지유고형분 SML	기타고형분 Altri solidi	총고형분 Totale solidi
우유	(1)6645	-	(2)233	(3)598	-	(4)831
생크림	(2)1229	-	(1)467	(3)69	-	(4)536
탈지분유	(2)295	-	-	(1)283	-	(3)283
설탕	(2)1225	(1)1225	-	-	-	(3)1225
포도당	(2)190	(1)175	-	-	-	(3)175
글루코스 시럽 분말	(2)365	(1)350	-	-	-	(3)350
안정제	(1)50	-	-	-	(2)50	(3)50
합 계 Totale g	10,000	1750	700	950	50	3450
%		17,5	7	9,5	0,5	34,5

(8) 총무게가 10,000g이 나오는지 모든 값을 더해본다.

- 우유 6,645g + 생크림 1,229g + 탈지분유 295g + 설탕 1,225g + 포도당 190g + 글루코스시럽 분말 365g + 안정제 50g = 9,999g

총무게가 10,000g인데 10,000g이 되지 않을 경우에는 우유의 비율을 조정해서 맞추어도 되고, 부족한 양만큼 물을 넣어주면 된다. 지금처럼 1g이 부족할 때는 10,000g에서 1g의 물은 큰 영향을 끼치지 않으니 생략해도 된다. 예를 들어, 총무게가 10,000g인데 모든 재료값을 더했을 때 9,800g이라면 200g의 물을 넣어준다.

옐로우베이스와 다크베이스도 위와 마찬가지로 계산을 하여 나만의 레시피를 만들 수 있다. 하지만 한국에서는 많이 사용되는 베이스가 아니라, 대량으로 만들기보다는 소스를 만들어 화이트베이스와 섞어 옐로우베이스나 다크베이스를 만드는 법을 권장한다.

소르베또 만들기

소르베또를 만들기 위해서는 내가 사용할 과일의 상태와 성질에 대해 잘 알아야 한다.

첫째, 소르베또에 들어가는 과일은 일반적으로 강한 맛, 중간 맛, 약한 맛으로 분류하는데, 맛의 강도에 따라 과일의 첨가량이 달라진다.

강한 맛		중간 맛을 가진 과일		약한 맛을 가진 과일	
과 일	당	과 일	당	과 일	당
레몬	5%	자몽	8%	수박	6%
		딸기	8%	오렌지	8%
		메론	8%		
		망고	13%		
		키위	14%		
		바나나	14%		
		복숭아	9%		
총무게의 15~25% 첨가		총무게의 30~50% 첨가		총무게의 60% 이상 첨가	

*80% 정도의 모든 과일이 중간 맛을 가진 과일로 분류된다.

둘째, 내가 사용할 과일이 어떤 맛을 가진 과일인지 분류하였다면 다음으로 알아야 할 것은 당이다. 소르베또에서 당은, (1) 첨가 설탕, (2) 과일 자체에 함유하고 있는 당, (3) Base50 과일함유 당에서 기인하는데, 일반적으로 총 당함량을 26~33% 안에서 결정하는데, 나라별로 선호하는 당함량이 다르다. 평균온도가 상당히 높은 중동지역은 아주 단맛을 선호하고, 이탈리아는 30% 정도의 당함량을 선호하며 우리나라와 같은 경우에는 27~28% 정도의 당함량을 선호한다.

위 두 가지를 생각하며 망고 소르베또를 만들어보자.

망고 소르베또소르베또 디 망고, Sorbetto di Mango

망고는 열대과일로 고르기가 힘들고 숙성된 과일이 잘 상하여 보관이 힘들어 주로 냉동이 사용된다. 가당 망고가 아닌 무가당 망고로 사용하는 것이 좋다.

(1) 제품명과 들어가는 재료를 적고 과일의 함량을 정한다.

1

제품명 망고 소르베또(Sorbetto di Mango) 날 짜 :

재료 INGREDIENTI	무게 Quantità	당 Zuccheri				
망고 50%						
물						
설탕						
Base50 과일						
레몬즙						
합 계 Totale g						
%						

*망고는 중간 맛을 가진 과일로 30~50% 첨가한다.

(2) 만들고자 하는 소르베또의 양과 총 당함량 %를 정한 뒤, 당의 총무게를 계산한다.

- 당의 총무게 4,000g × 30% = 1,200g

2

제품명 망고 소르베또(Sorbetto di Mango) 날 짜 :

재료 INGREDIENTI		무게 Quantità	당 Zuccheri				
망고 50%							
물							
설탕							
Base50 과일							
레몬즙							
합 계 Totale	g	4000	1200				
	%		30				

(3) 소르베또 총무게에서 50%의 망고를 넣기로 정하였으니, 그에 해당하는 무게를 적고 망고가 자체적으로 함유하고 있는 당값을 확인한다.

- 총무게 4,000g × 50% = 2,000g

망고(당 13%)

- 망고의 무게 2,000g × 13% = 260g

3

제품명 망고 소르베또(Sorbetto di Mango) 날 짜 :

재료 INGREDIENTI		무게 Quantità	당 Zuccheri				
망고 50%		2000	260 (13)				
물							
설탕							
Base50 과일							
레몬즙							
합 계 Totale	g	4000	1200				
	%		30				

(4) 소르베또에는 과일의 색감 변질을 막고 맛을 한층 더 끌어내기 위해 레몬즙을 총무게 대비 1%를 넣는다.

레몬즙(당 5%)

- 총무게 4,000g × 1% = 40g
- 레몬의 무게 40g × 5% = 2g

4

제품명 망고 소르베또(Sorbetto di Mango) 날 짜 :

재료 INGREDIENTI		무게 Quantità	당 Zuccheri			
망고 50%		2000	260 (13)			
물						
설탕						
Base50 과일						
레몬즙		40	2 (5)			
합 계 Totale	g	4000	1200			
	%		30			

(5) 젤라또와 다르게 Base50 과일이 들어가는 소르베또는 과일의 성질에 따라 첨가량이 달라진다. 총무게를 1kg 기준으로 봤을 때 15~45g 첨가하는데, 생과육이 많을수록 첨가량이 낮고 과일의 즙이 많을수록 첨가량이 높다. 중간값을 30g으로 봤을 때 내가 사용할 과일이 손으로 꽉 짰을 때 즙이 많으면(예 : 레몬) 30~45g을 넣고, 즙보다 과육이 많으면(예 : 바나나) 30~15g을 넣는다.

Base50 과일(당 80%)

- 망고 같은 경우에는 과육이 많지만, 과즙도 일부 포함하고 있어 22.5g을 넣는다 (경험치).
- 22.5g(1kg당) × 총무게 4kg = 90g

5

제품명 망고 소르베또(Sorbetto di Mango) 날 짜 :

재료 INGREDIENTI		무게 Quantità	당 Zuccheri				
망고 50%		2000	260 (13)				
물							
설탕							
Base50 과일 (22.5g)		90	72 (80)				
레몬즙		40	2 (5)				
합 계 Totale	g	4000	1200				
	%		30				

(6) 소르베또의 설탕값을 구하기 위해서는 과일이 자체적으로 함유하고 있는 당과 Base50 과일의 당값을 먼저 구해야 한다. 그 두 가지의 당값을 뺀 나머지가 내가 직접 첨가하여야 할 설탕값이기 때문이다.

설탕(당 100%)

- 당의 총무게 1200g – 망고당 260g – 레몬당 2g – Base50 과일당 90g = 866g
- 설탕은 100% 당이기에 당과 무게가 866g으로 똑같다.

6

제품명 망고 소르베또(Sorbetto di Mango) 날 짜 :

재료 INGREDIENTI		무게 Quantità	당 Zuccheri			
망고 50%		2000	260 (13)			
물						
설탕		866	866 (80)			
Base50 과일 (22.5g)		90	72 (80)			
레몬즙		40	2 (5)			
합 계 Totale	g	4000	1200			
	%		30			

(7) 마지막 물의 무게는 총무게에서 구해진 값들을 빼면 된다.

물

• 총무게 4,000g – 망고 2,000g – 설탕 866g – Base50 과일 90g – 레몬 40g = 1,004g

7

제품명 망고 소르베또(Sorbetto di Mango) 날 짜 :

재료 INGREDIENTI	무게 Quantità	당 Zuccheri				
망고 50%	2000	260 (13)				
물	1004					
설탕	866	866 (80)				
Base50 과일 (22.5g)	90	72 (80)				
레몬즙	40	2 (5)				
합 계 Totale g	4000	1200				
%		30				

소르베또를 만들 때 항상 주의해야 할 점은 신선한 과일도 적절하게 보관되지 않는다면, 훌륭한 소르베또를 만들 수 없다. 따라서 전처리 과정을 거친 과일을 냉장이나 냉동으로 보관하는 것이 필요하다. 냉동을 하면 해동 시 과일의 섬유질 구조가 무너져 좋은 질감을 갖지 못하기에 설탕을 넣어 조려내 퓨레로 만든 후 냉동하는 것이 좋고, 퓨레로 보관 시에는 과일의 색상이 변하는 산패현상이 늦춰지게 된다. 적절한 포장용기에 보관을 하면 냉동으로 6개월 정도, 냉장으로는 3~4일 정도 보관이 가능하다.

유통되는 냉동과일이나 퓨레를 구매할 경우에는 제품이 가당인지 무가당인지 확인한 후 사용해야 한다. 가당 제품을 사용할 경우에는 레시피에 들어가는 당함량을 그만큼 줄여서 만들어준다.

레시피

피오르 디 라떼Fior di Latte

'피오르 디 라떼Fior di Latte'는 이탈리아인이 좋아하는 젤라또 맛 10위 안에 언제나 상위 랭킹되는 맛이다. 한국어로는 '우유의 꽃'이라는 뜻으로 이름만 보아도 알 수 있듯이 풍부한 우유의 맛을 가진 맛이다.

재 료	무 게
화이트베이스	3,480
생크림	410
설 탕	110
합 계	4,000g

만드는 법

1 살균, 숙성기에서 화이트베이스를 추출한다.

2 화이트베이스에 모든 재료를 계량한다.

3 계량이 끝난 베이스를 믹싱한다.

4 베치프리저에 넣는다.

5 젤라또 모양 버튼을 누른 후 Gelato Excellent 누른다.

*Carpigiani Maestro 기준

6 완성된 젤라또를 바트에 담는다.

1
2
3
4
5
6

피오르 디 라떼는 그 자체의 맛으로도 많은 사랑을 받지만, 완성된 피오르 디 라떼 젤라또에 초콜릿 조각이나 초콜릿소스가 들어가는 스트라치아텔라Straciatella, 체리소스가 들어가는 아마레나Amarena 등 다른 여러 재료와 함께 섞어도 아주 잘 어울린다.

완성된 젤라또에 다른 재료를 섞는 것을 '바리에가또Variegato'라 하는데, 한 가지 맛이 아닌 두세 가지의 맛을 동시에 느낄 수 있다.

스트라치아텔라Stracciatella

'스트라치아텔라Stracciatella'는 피오르 디 라떼 젤라또에 초콜릿소스나 초콜릿 조각이 들어가 우유의 맛이 나며 초코칩이 씹히는 재미를 느낄 수 있는 맛이다.

스트라치아텔라를 만들기 위해서는 바리에가또Variegato 기법을 필요로 하는데, 젤라또에 초콜릿소스를 넣고 섞어주는 기법이다. 레시피 상에 'q.b.'란 꽌또 바스타Quanto Basta의 축약형으로 '충분한 양'이라는 뜻을 가진다. 본인의 취향에 따라 초콜릿소스를 뿌려준다.

재 료	무 게
화이트베이스	3,480
생크림	410
설 탕	110
초콜릿소스	q.b.
합 계	4,000g

만드는 법

1 화이트베이스에 초콜릿소스를 제외한 모든 재료를 넣고(생크림, 설탕) 믹싱한다.

2 초콜릿소스를 준비한다.

3 베치프리저에 1을 넣고 제조한다.

바리에가또Variegato 하는 법

1 바트에 젤라또를 받는다.

2 바트에 받은 젤라또 위에 준비한 초콜릿소스를 뿌린다.

3 초콜릿소스가 굳도록 잠시 기다린 뒤 단단한 스패츌러로 초콜릿을 부수며 섞어준다는 느낌으로 손목을 움직인다(마구 휘저어 섞는 것이 아니라 스패츌러를 위에서 아래로 내리며 손목을 돌려주는 방법으로 몇 번 섞어준다).

4 1, 2, 3의 과정을 한 번 더 똑같이 진행한 후 모양을 잡는다.

5 모양 잡은 젤라또 위에 초콜릿소스를 골고루 뿌려준다.

6 바트 주변을 깨끗이 정리한 후 마무리한다.

요거트Yogurt

'요거트Yogurt'는 가볍고 산뜻한 맛으로 선호도가 높은 맛이다. 요거트 젤라또에도 피오르 디 라떼처럼 바리에가또 기법을 이용하여 베리류(딸기, 산딸기, 블루베리, 블랙베리 등)의 토핑이나 시럽을 뿌리면 다양한 맛을 만들어 낼 수 있다.

재 료	무 게
화이트베이스	670
플레인요거트	2,670
설 탕	580
포도당	70
안정제	10
합 계	4,000g

만드는 법

1 화이트베이스에 모든 재료를 넣고 믹싱한다.

2 배치프리저에 넣고 제조한다.

녹차떼 베르데, Tè Verde

'녹차Tè Verde'는 우유의 고소함과 달콤함 뒤에 느껴지는 녹차 특유의 쌉싸름한 맛으로, 동양인들이 즐겨 찾는 맛이다. 레시피상에 'q.b.'란 꽌또 바스타Quanto Basta의 축약형이다. 본인의 취향에 따라 녹차의 양을 더 추가하거나 감소하면 된다.

재 료	무 게
화이트베이스	3,570
생크림	270
설 탕	120
무가당 녹차가루	40 혹은 q.b.
합 계	4,000g

만드는 법

1 설탕과 무가당 녹차가루를 믹싱볼에 넣고 섞는다.
2 화이트베이스에 생크림을 넣고 믹싱하며 1을 천천히 넣어주고 같이 믹싱한다.
3 베치프리저에 넣고 제조한다.

피스타치오피스따끼오, Pistacchio

'피스타치오Pisticchio'는 견과류 중 하나로, 아이보리빛의 겉피를 벗기면 녹색빛을 내는 피스타치오를 볼 수 있다. 고소하고 부드러운 맛으로 우리가 여름에 즐겨 마시는 미숫가루의 맛과 비슷하다.

재 료	무 게
화이트베이스	3,530
포도당	120
피스타치오 페이스트	350
합 계	4,000g

만드는 법

1 화이트베이스에 모든 재료를 넣고 믹싱한다.

2 베치프리저에 넣고 제조한다.

헤이즐넛노촐라, Nocciola

'헤이즐넛Nocciola'은 개암나무에서 나오는 견과류로 갈색의 겉피와 속피를 벗기면 아이보리빛을 내는 헤이즐넛을 볼 수 있다. 고소한 맛과 헤이즐넛 특유의 향이 초콜릿, 제과·제빵, 커피, 젤라또 등 다양한 디저트와 잘 어우러진다.

재 료	무 게
화이트베이스	3,530
포도당	120
헤이즐넛 페이스트	350
합 계	4,000g

만드는 법

1 화이트베이스에 모든 재료를 넣고 믹싱한다.

2 베치프리저에 넣고 제조한다.

커피까페, Caffè

'커피Caffè'는 에스프레소를 넣는 법, 원두를 넣는 법, 커피시럽을 넣는 법 등 만드는 방법이 여러 가지가 있다. 기호에 따라 커피의 양을 추가하거나 줄일 수 있는데, 많이 들어가면 커피의 진한 맛을 느낄 수 있고, 커피의 양이 적으면 커피우유의 맛을 느낄 수 있다.

재 료	무 게
화이트베이스	3,680
커피시럽	320
합 계	4,000g

만드는 법

1 화이트베이스에 커피시럽을 넣고 믹싱한다.

2 베치프리저에 넣고 제조한다.

커피시럽쉬로뽀 디 까페, Sciroppo di Caffè

재 료	무 게
인스턴트커피	160
물	450
설탕	390
합 계	1,000g

만드는 법

1 냄비에 물을 넣고 끓인다.

2 끓는 물에 설탕과 인스턴트커피를 넣고 녹을 때까지 저어준다.

3 용기에 옮겨 식힌 후 냉장 보관한다.

잔두야Gianduia

'잔두야Gianduia'는 다크 초콜릿에 분쇄한 헤이즐넛을 넣어 만든 초콜릿으로, 이탈리아에서 많은 사랑을 받고 있다. 쌉싸름한 다크초콜릿에 헤이즐넛의 고소함이 더해진 젤라또의 맛으로 기호도가 높다.

재 료	무 게
화이트베이스	1,840
다크베이스	1,840
포도당	100
헤이즐넛 페이스트	220
합 계	4,000g

만드는 법

1 화이트베이스와 다크베이스를 섞어준다.

2 1에 나머지 재료를 넣고 믹싱한다.

3 베치프리저에 넣고 제조한다.

딸기 소르베또소르베또 알라 프라골라, Sorbetto alla Fragola

'딸기 소르베또Sorbetto alla Fragola'는 과일 소르베또 중 가장 대표적인 메뉴이다. 소르베또는 유제품이 들어가는 젤라또와는 다르게 물, 과일, 설탕으로만 만들어져 과일 자체의 맛을 보다 더 풍부하게 느낄 수 있다.

재 료	무 게
딸 기	2,000
물	948
설 탕	920
포도당	80
안정제	12
레몬즙	40
합 계	4,000g

만드는 법

1 딸기를 깨끗이 씻고 꼭지를 제거한다.

2 설탕과 포도당, 안정제를 믹싱볼에 계량 후 잘 섞는다.

3 플라스틱용기에 딸기와 물, 레몬즙을 넣는다.

4 3을 핸드블렌더로 믹싱하며 2의 분말을 조금씩 넣는다.

5 베치프리저에 넣고 제조한다.

키바나 소르베또소르베또 알라 키바나, Sorbetto alla Kibana

'키바나 소르베또Sorbetto alla Kibana'는 키위의 새콤달콤함과 바나나 특유의 단맛이 섞여 상큼하면서도 깊은 풍미가 느껴진다. 키위와 바나나는 익지 않은 것을 사용하면 떫은맛과 신맛이 강하기에 충분히 잘 익은 것을 사용해야 한다.

재 료	무 게
키위	1,400
바나나	600
물	970
설탕	905
포도당	75
안정제	10
레몬즙	40
합 계	4,000g

만드는 법

1 키위의 껍질을 벗기고 4등분한다.
2 설탕과 포도당, 안정제를 믹싱볼에 계량한 후 잘 섞는다.
3 플라스틱용기에 키위와 물, 레몬즙을 넣는다.
4 바나나껍질을 까는 즉시 3에 넣는다.
5 3을 핸드블렌더로 믹싱하며 2의 분말을 조금씩 넣는다.
6 베치프리저에 넣고 제조한다.

배 소르베또소르베또 알라 뻬라, Sorbetto alla Pera

재 료	무 게
배 50%	2,000
물	497
70% 시럽	1,454
안정제	9
레몬즙	40
합 계	4,000g

만드는 법

1 배의 껍질을 벗기고 자른다.
2 플라스틱용기에 모든 재료를 넣는다.
3 핸드블렌더로 믹싱한다.
4 베치프리저에 넣고 제조한다.

자몽 소르베또소르베또 알뽐펠모, Sorbetto al Pompelmo

재 료	무 게
자몽 40%	1,600
물	814
70% 시럽	1,529
안정제	17
레몬즙	40
합 계	4,000g

만드는 법

1 자몽의 겉껍질과 속껍질을 벗긴다.

2 플라스틱용기에 모든 재료를 넣는다.

3 핸드블렌더로 믹싱한다.

4 베치프리저에 넣고 제조한다.

살구 소르베또소르베또 알라 알비코까, Sorbetto alla Albicocca

재 료	무 게
살구 50%	2,000
물	494
70% 시럽	1,454
안정제	12
레몬즙	40
합 계	4,000g

만드는 법

1 살구의 껍질을 벗기고 과육과 씨를 분리한다.
2 플라스틱용기에 모든 재료를 넣는다.
3 핸드블렌더로 믹싱한다.
4 베치프리저에 넣고 제조한다.

바나나 소르베또소르베또 알라 바나나, Sorbetto allaBanana

재 료	무 게
바나나 45%	1,800
물	268
50% 시럽(안정제)	1,892
레몬즙	40
합 계	4,000g

만드는 법

1 바나나껍질을 벗기고 자른다.
2 플라스틱용기에 모든 재료를 넣는다.
3 핸드블렌더로 믹싱한다.
4 베치프리저에 넣고 제조한다.

복숭아 소르베또소르베또 알라 뻬스카, Sorbetto alla Pesca

재 료	무 게
복숭아 45%	1,800
물	88
50% 시럽(안정제)	2,072
레몬즙	40
합 계	4,000g

만드는 법

1 복숭아의 껍질을 벗기고 과육과 씨를 분리한다.

2 플라스틱용기에 모든 재료를 넣는다.

3 핸드블렌더로 믹싱한다.

4 베치프리저에 넣고 제조한다.

체리 소르베또소르베또 알라 칠리에쟈, Sorbetto alla Cigliegia

재 료	무 게
체리 47.5%	1,900
물	44
50% 시럽(안정제)	2,016
레몬즙	40
합 계	4,000g

만드는 법

1 깨끗이 씻은 체리의 꼭지를 제거하고 과육과 씨를 분리한다.

2 플라스틱용기에 모든 재료를 넣는다.

3 핸드블렌더로 믹싱한다.

4 베치프리저에 넣고 제조한다.

GELATO & Gelatiere

젤라또 외 돌체프레도

젤라또 대학에서 배운 그대로
Gelato &
Gelatiere

 소르베또

소르베또Sorbetto는 아랍어로 '시원한 음료'라는 뜻을 가진 'Sharba'에서 파생되었다. 젤라또와 다르게 유지방과 유당이 들어가지 않고 물, 설탕, 과일로만 만들어지는 디저트이다.

젤라또의 역사를 이야기할 때 잠깐 보았듯이, 소르베또는 젤라또의 부모라 할 수 있다. 이탈리아에서는 '소르베또'라 부르지만, 우리나라에서는 '소르베', '셔벗', '샤베트'라고 불리고 있다.

젤라또는 제조과정 중에 고온살균 작업을 하는데, 소르베또는 고온으로 인한 과일의 맛과 특성의 변질, 영양소 파괴의 영향 때문에 고온살균 과정을 거치지 않는다. 그러나 공기와 접촉하여 과일이 산화되는 것을 방지하기 위해 살균을 하고 싶다면 65~70℃로 저온살균을 통해 과일의 향과 영양소 손실을 조금이나마 줄일 수 있다.

그래도 소르베또의 가장 이상적인 제조방법은 차가운 온도로 만드는 것이다. 그러기 위해 좋은 재료를 잘 선택해야 하고 제품마다 같은 양의 설탕을 넣는 것이 아닌 각각의 과일 당분을 확인하여 그에 맞게 설탕 비율을 맞춰 배합하도록 주의해야 한다. 또한 설탕이 차가운 물의 온도에서 잘 녹지 않는 것을 방지하기 위해 물과 설탕을 혼합하여 만든 시럽을 사용하는 것도 한 방법이다. 젤라또 보다 간단한 제조법으로 만들어지는데, 모든 재료를 계량하여 믹싱 후 제조기에 넣어주면 된다.

이탈리아에서는 젤라떼리아뿐만 아니라 레스토랑에서도 산미가 높은 과일(레몬, 라임)을 이용해 만든 소르베또를 식후 소화를 도와주기 위한 디저트로 많이 나온다.

그라니따

그라니따Granita는 소르베또처럼 물을 베이스로 만드는 차가운 디저트이다. 들어가는 재료는 소르베또와 아주 흡사하지만, 완성된 형태는 완전히 다르다. 소르베또는 젤라또처럼 자연적인 공기의 함유로 부드러운 질감을 가지는 디저트라면, 그라니따는 공기를 포함하지 않아 부드럽지 않고 거친 질감의 디저트이다.

영하의 적정온도에 이를 때까지 제조기의 날이 천천히 돌아가며 만들어내는 그라니따 특유의 거친 얼음 입자를 느낄 수 있고, 반고체 상태인 쉽게 말해 슬러시Slushie 같은 디저트이다. 입에 넣으면 얼음 입자가 금방 녹으며 마치 눈을 먹는 것처럼 아주 상쾌함을 느끼게 해준다.

그라니따가 이탈리아 남부 시칠리아에서 탄생한 만큼 무더운 남

부지역에서 특히나 많이 먹는데 '그라니따 시칠리아나Granite Siciliana' 라고도 부른다. 시칠리아에서는 여름에 아침이나 점심식사로 그라니따와 '브리오사Brioscia 혹은 브리오쉬Brioche'라는 빵을 함께 곁들여 먹는 문화가 있다.

기본 레시피

재 료	무 게	당함량	기 준
과일	2,000	180	9%
물	1,100	-	-
설탕	500	500	100%
합 계	3,600g	680	18,8%

세미프레도

세미프레도Semi Freddo는 이탈리아어로 '반 얼린 상태'라는 뜻으로 휘핑크림Panna Montata, 이탈리안 머랭Meringa all'italiana 또는 파타봄브Pâte à Bombe를 베이스로 만들어지는 디저트이다.

계절의 영향을 많이 받는 이탈리아 젤라떼리아에서 겨울 시즌에도 수익성을 높이기 위해 만들어 판매하기 시작한 세미프레도지만, 이제는 겨울에 젤라또 대체상품이 아닌 매 시즌 소비자들이 즐겨 찾는 디저트 중 하나로 자리매김하였다.

-18℃에서 -20℃에 냉동보관되는 세미프레도는 흔히 '젤라또 케이크'라고 부르기도 하지만, 젤라또로 만든 케이크와는 조금은 다르다.

젤라또로 케이크를 만들었을 때와 세미프레도의 질감이 다르고, 세미프레도는 젤라또로 만드는 것이 아니라 머랭이나 휘핑크림을 베

이스로 만들어진다.

우리가 생각했을 때 -18℃에서 얼려진 케이크는 상당히 단단할 것 같지만, 세미프레도를 입 안에 넣었을 때의 그 느낌은 아주 가볍고 부드럽다. 일종의 무스케이크를 먹을 때의 느낌이다.

최근 몇 년 사이 국내 소비자들이 많이 찾고 카페에서 쉽게 볼 수 있는 이탈리아 디저트 티라미수Tiramisù가 세미프레도의 한 종류이다.

부 록

알아두면 유용한 젤라또 재료 용어

이탈리아어	한국어
Acqua 아꾸아	물
Albicocca 알비코까	살구
Albume 알부메	흰자
Addensanti 아데산티	증점제
Amarena 아마레나	앵두
Amido di Mais 아미도 디 마이스	옥수수전분
Ananas 아나나스	파인애플
Anguria 앙구리아	수박
Arachidi 아라끼디	땅콩
Arancia 아란챠	오렌지
Banana 바나나	바나나
Burro 부로	버터
Cachi 카끼	감
Caffè 까페	커피
Caffè Solubile 까페 솔루비레	커피가루
Cacao 카카오	카카오
Cannella 칸넬라	계피
Caramello 카라멜로	캐러멜
Castagna 카스타냐	밤
Chicco di Caffè 끼꼬 디 까페	원두
Ciliegia 칠리에쟈	체리
Cioccolato 쵸콜라또	초콜릿
Cioccolato Bianco 쵸콜라또 비앙코	화이트초콜릿

이탈리아어	한국어
Cioccolato Fondente 쵸콜라또 폰덴테	다크초콜릿
Cocco 코꼬	코코넛
Cocomero 코코메로	수박
Colla di Pesce 콜라 디 페쉐	젤라틴
Crema 끄레마	크림
Datteri 다떼리	대추
Emulsionanti 에물시오난티	유화제
Fichi 피끼	무화과
Fichi d'India 피키 딘디아	인디언 무화과
Fragola 프라골라	딸기
Frutta 프루따	과일
Frutta Secca 프루따 세까	견과류
Frutti di Bosco 프루띠 디 보스코	산딸기
Gianduia 쟌두야	헤이즐넛 초콜릿
Ginger 진제르	생강
Lampone 람뽀네	라즈베리
Latte 라떼	우유
Latte Magro in Polvere 라떼 마그로 인 폴베레	탈지분유
Limone 리모네	레몬
Liquirizia 리쿠리찌아	감초
Mandarino 만다리노	귤
Mandorla 만돌라	아몬드
Maracujá 마라꾸야	패션후루츠
Mascarpone 마스카르포네	마스카포네
Mela 멜라	사과
Melograno 멜로그라노	석류
Melone 멜로네	메론
Menta 멘타	민트
Meringa 메링가	머랭
Miele 미엘레	꿀

이탈리아어	한국어
Mirtillo 미르틸로	블루베리
Mora 모라	블랙베리
Nocciola 노촐라	헤이즐넛
Noce 노체	호두
Panna 빤나	생크림
Pera 뻬라	배
Pesca 뻬스카	복숭아
Pinoli 피놀리	잣
Pistacchio 피스타끼오	피스타치오
Pompelmo 뽐뻴모	자몽
Prugna 프루냐	자두
Purea 뿌레아	퓨레
Ribes 리베스	커런트
Ricotta 리코따	리코타
Riso 리조	쌀
Rosa 로자	장미
Sale 살레	소금
Sesamo 쎄사모	깨
Soia 쏘이야	두유
Stabilizzante 스타빌리잔떼	안정제
Tè Verde 떼 베르데	녹차
Torrone 토로네	누가
Tuorlo 투오를로	노른자
Uovo 우오보	달걀
Uva 우바	포도
Vaniglia 바닐리아	바닐라
Vino 비노	와인
Zenzero 젠제로	생강
Zucca 주까	호박
Zucchero 주께로	설탕

REFERENCES

- (사)한국커피협회, Enjoy Gelato, 커피투데이, 2016.
- 로라 B. 와이스 · 김현희 옮김, 아이스크림의 지구사, ㈜휴머니스트출판그룹, 2013.
- 한상헌, 아이스크림, 유한문화사, 2005.
- 헤나 벨튼 · 강경이 옮김, 밀크의 지구사, ㈜휴머니스트추판그룹, 2012.

- Carpigiani, Gelato museum, Editrade srl, 2013.
- Donata Panciera, Il gelato artigianale italiano secondo Donata Panciera, 2013.
- Luca Cavizel, Dizionario di scienza e tecnologia del gelato artigianale, Chiriotti Editori, 2006.
- Luca Cavizel, Scienza e tecnologia del gelato artigianale, Chiriotti Editori, 2016.
- Luca Cavizel, Scienza e Tecnologia di Sorbetti, Granite e Dintorni, Chiriotti Editori, 2002.
- Luciano Ferrari, Gelato and Gourmet Frozen Desserts, 2005.